KB018457

개념 잡는
비주얼
생물학책

개념 잡는 비주얼 생물학책

바이러스에서 인류세까지
우리가 알아야 할 최소한의 생명과학 지식 50

닉 배티, 마크 펠로우스 외 7인 지음

김소정 옮김

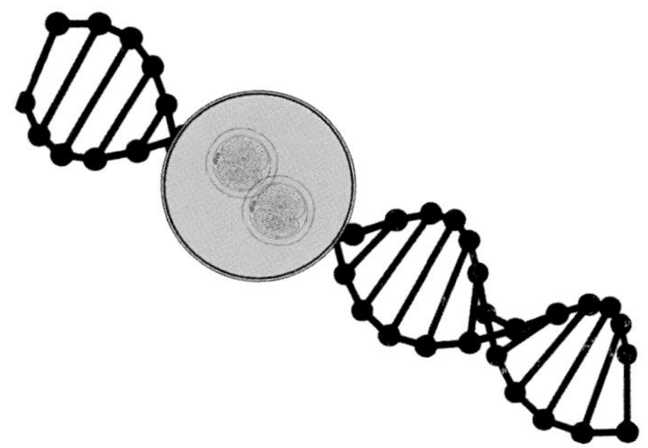

궁리
KungRee

들어가기

닉 배티(레딩대학교 식물발생학과 교수)
마크 펠로우스(레딩대학교 생태학과 교수)

스스로 번식하고 생명을 유지하는 자연의 능력을 밝히려고 과학자들이 '생물학'이라는 용어를 발명한 지도 200년이 조금 넘었다. 생물학이 발명된 초기에는 살아 있는 유기체가 가진 독특한 능력을 설명하려는 노력의 일환으로 자연을 유지하는 것은 신비로운 '힘'이라고 추론한 생기론자들의 생각을 생물학에 끌어왔다. 하지만 19세기에 세포설 · 생리학 · 진화론이 발전하면서 생명이 작동하는 방식을 조금씩 이해할 수 있게 되었다. 20세기에는 유전학 · 생화학 · 분자생물학 · 발생생물학 덕분에 생명체가 기능하는 방식이 밝혀지면서 한 유기체가 살아가는 동안 자신의 특성을 어떻게 유지하며, 살아가는 데 필요한 생체 과정을 어떤 식으로 조절하고, 각 개체의 특성과 생명을 조절하는 방법을 어떻게 자손에게 전달해주는지를 알게 되었다. 그와 함께 생태학 · 진화생물학 · 생물지리학은 여러 유기체 개체군이 서로 맺는 상호작용과, 한 유기체 개체군이 환경과 맺는 상호작용을 이해하고, 유기체 개체군의 행동을 밝히는 데 있어 아주 중요한 분야로 자리매김했다. 동물학 · 식물학 · 미생물학 · 바이러스학이라는 하위 과학 분야는 저마다 다른 생물계 안에서 생명이 어떤 식으로 작동하는지를 자세히 밝혔고, 분류학자와 계통분류학자들은 생물의 분류 체계와 기원을 탐구했다.

21세기 과학

생물학의 영역은 점점 더 확장되고 있어서, 생물학을 '21세기의 과학'이라고 해도 과언이 아닐 정도가 되었다. 전체 지구에서 생물학이 관여하지 않은 중요한 문제는 거의 없다. 재생의학이나 의학유전학 같은 생물의학은 삶과 죽음, 질병과 질환을 더 많이 통제하려는 염원을 가지고 생물학 관련 지식을 탐구하고 있다. 그와 동시에 생물학은 인류 사회를 압도하는 심각한 위협(기후변화, 인구 증가, 오염, 식량 부족, 천연 자원 감소, 외래 종 침입 같은)에 대처하려는 노력을 기울이고 있다. 어떤 의미에서는 통합적이고 생태적인 생물학의 관점은 인간생물학이 이룬 성과들을 취하고 있다. 인류세(현재 사람이 지구에 막대한 영향을 미치고 있음을 반영해 새롭게 명명한 현생 지질시대 명칭. 153쪽 참고)에서 가장 중요한 학문인 생물학은 우리가 할 수 있는 것과 사람의 행동이 낳은 결과를 어떻게 처리할 것인지를 규정한다. 생물학은 중요한 거의 모든 문제에 영향을 미치고 있다.

이 얇은 책에서는 생물학에 포함하지는 않았지만 아주 중요한 분야가 있는데, 바로 문화이다. 흔히 문화는 사람의 의식이 만들어낸 결과물로 간주되며, 유전자가 아니라 정신이 여러 형태로 세대에서 세대로 전달된다고 여겨진다. 심리학은 사람의 마음을 다루는데, 이 책에서는 심리학을 생물학의 한 분야로 다루지는 않을 것이다. 심리학이 다루는 주제는 전통적으로 생물학에서 다루는 주제와는 차이가 있으며, 원래의 정의대로라면 생물학 자체만으로도 아주 방대한 주제이기 때문이다. 하지만 분명하게 예측할 수 있는 한 가지가 있다. 2050년이 되면 마음이 작동하는 방식과 결국 문화가 작동하는 방식을 생물학적으로 엄밀하게 설명할 수 있게 되고, 2050년 판 『개념 잡는 비주얼 생물학책』에서는 마음의 과학을 주요 한 분야로 다루게 되리라는 것이다. 하지만

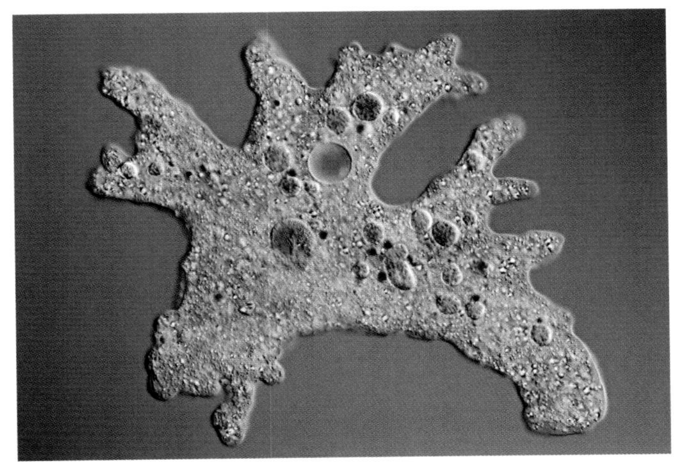

주로 민물에서 발견할 수 있는 단세포 유기체 아메바 프로테우스(*Amoeba proteus*).

또 다른 예측도 해볼 수 있다. 생물학이 설명하는 마음과 문화는 지루할 수도 있다는 것이다. 문화는 문화가 어떻게 발생했는지가 아니라 우리에게 문화가 어떤 의미인지가 중요하다는 점을 생각해보면 생물학이 풀어낼 문화라는 영역은 그다지 흥미로울 것 같지 않다. 더구나 미래에는 인간종의 생활사가 생물학의 핵심 주제도 아닐 것이다. 그보다는 빠른 속도로 증가는 인구(와 노인 계층)를 어떻게 다룰 것인지, 서식지 파괴 문제는 어떻게 해결할 것인지, 생물학 덕분에 강력해지고 있는 사람의 힘을 어떻게 조절할 것인지가 앞으로 생물학과 문화라는 관점에서 풀어가야 할 가장 중요한 주제가 될 것이다.

『개념 잡는 비주얼 생물학책』 활용법

이 책은 '30초 이론'이라는 강렬한 개념을 바탕으로 한 장에 한 가지 주제를 명확하면서도 간결하게 설명한다. 각 장의 왼쪽에는 재빨리 훑어만 봐도 각 장의 핵심 주제를 간략하게 알 수 있는 '3초 분석'을 실었다. 그 밑에 있는 '3분 정리'에는 주제와 관련해 새

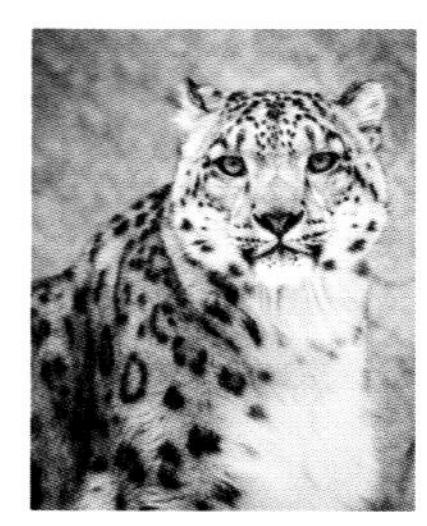

고산 지대 기후가 바뀌고 자연 서식지에 사람이 정착하면서 멸종 위기에 처한 눈표범.

로운 생각을 일깨우는 기발하고 흥미로운 이야기를 담았다. 각 장마다 노먼 볼로그처럼 해당 분야를 개척한 선구자나 놀라운 업적을 세운 사람도 소개했다. '녹색 혁명의 아버지'라고 불리는 노먼 볼로그는 난쟁이밀을 대량으로 생산하는 방법을 개발해 수백만이 넘는 사람의 목숨을 구했다.

『개념 잡는 비주얼 생물학책』은 살아 있는 주요 유기체 집단을 살펴보는 〈생명〉 장으로 시작한다. 그다음으로는 생명의 청사진인 〈유전자〉를 살펴볼 것이다. 〈유전자에서 유기체까지〉 장에서는 유전자가 저장하고 있는 정보를 살아 있는 유기체의 세포와 조직으로 전달하는 방법을 알아보고, 〈발생과 생식〉 장에서는 식물과 동물과 박테리아에서의 발생과 생식 과정을 살펴볼 것이다. 〈에너지와 영양〉 장에서는 에너지가 어떤 식으로 생명체에게 필요한 형태로 전환되고, 생체 과정이 어떤 식으로 유기체를 살아 있게 만들며, 그 유기체가 어떤 식으로 생체 과정이 계속해서 일어나게 하는지를 살펴볼 것이다. 마지막으로 〈진화와 생태〉 장에서는 생명이 어떻게 발생했고, 유기체들은 어떤 관계를 형성하며, 인간종은 어떤 생물들과 특별한 관계를 맺으며 경이롭게 성장해왔는지를 살펴볼 것이다. 현재 지구에 존재하는 모든 것들은 사라질지도 모른다는 심각한 위험에 처해 있다. 생물학이 성장하는 이유도 바로 그 때문이다. 하지만 그런 이유가 아니더라도 생명이 작동하고 유기체가 서로 상호작용하는 방식을 이해하려는 노력은 사람이라면 본질적으로 아름답다고 느끼는 본성이라고 생각한다. 이 책에 실은 목록이 2050년에도 여전히 중요한 생물학 분야로 남을 수 있을까? 글쎄, 그건 두고 볼 일이다.

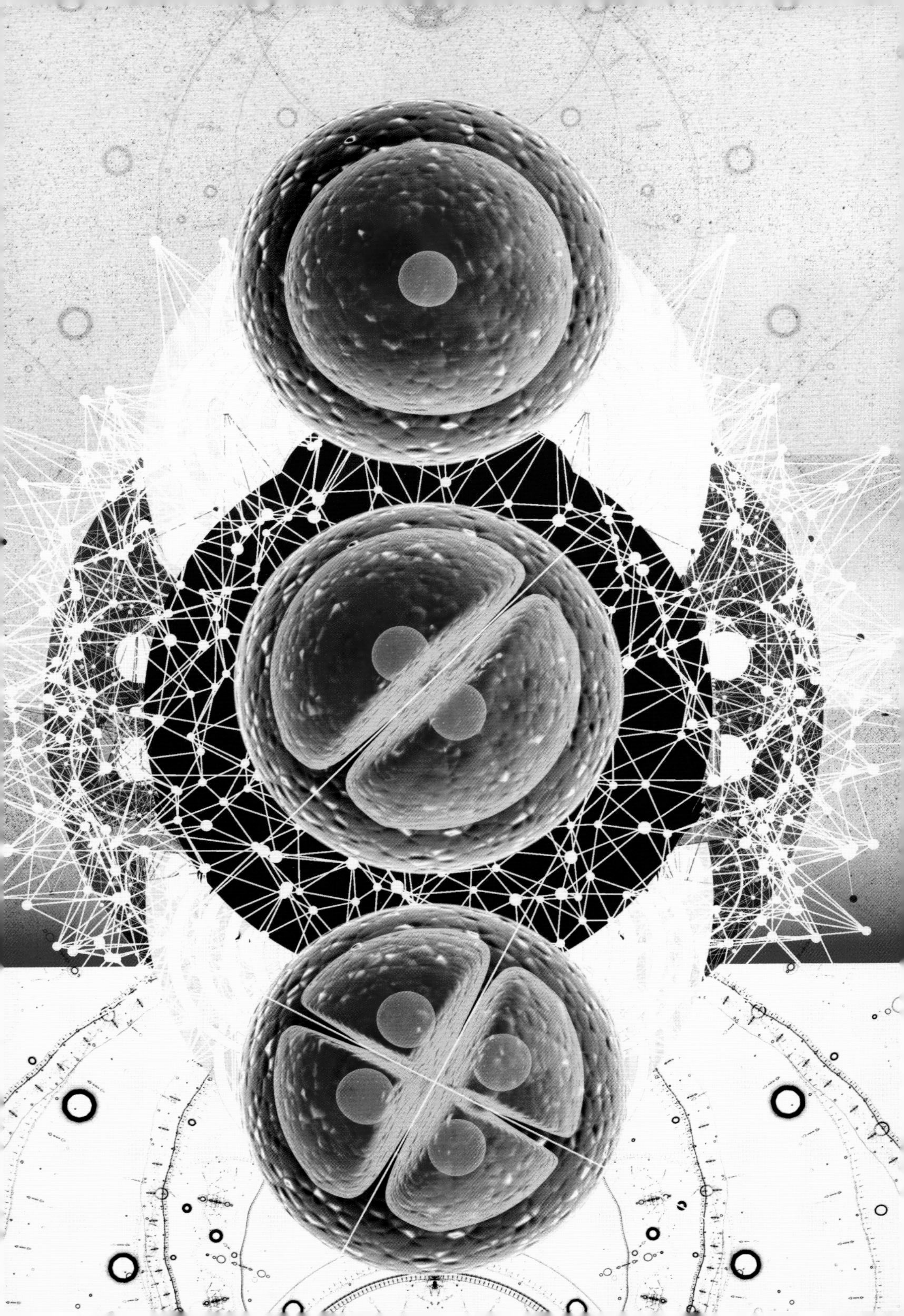

차례

생명 ◑

생명
용어해설

게놈 한 유기체나 세포 안에 들어 있는 전체 유전 물질.

공생발생 진핵생물은 원핵생물인 박테리아와 협력하는 과정에서 진화했다는 가설.

광합성 녹색 식물이 물과 이산화탄소를 이용해 영양분(설탕과 녹말)과 산소를 합성하는 과정(산소는 광합성의 부산물이다). 식물 세포에는 엽록체라는 세포 소기관이 있는데, 엽록체 속에 들어 있는 엽록소가 태양광선의 에너지를 붙잡아 광합성을 한다.

깃편모충류 독립생활을 하는 단세포 진핵생물로 생물의 진화사에서 모든 동물의 조상이라고 여겨진다. 편모라고 하는 채찍처럼 생긴 세포 소기관이 있어 편모충류로 분류된다.

DNA 자손에게 전달되는 유전 정보를 운반하는 분자로 'Deoxyribonucleic acid(디옥시리보핵산)'를 줄인 말이다. 모든 진핵생물과 원핵생물의 세포에 들어 있다.

미토콘드리아 세포 안에서 에너지 생산과 호흡을 담당하는 세포 소기관.

복제 이미 존재하던 개체와 유전적으로 동일한 유기체나 세포를 만들어내는 무성 생식 과정. 복제는 자연 상태에서도 일어난다. 본질적으로 동물과 식물의 체세포는 모두 수정란이라는 단일 세포의 복제품이다. 실험실에서도 세포를 복제한다. 난자에서 핵을 제거하고 다른 체세포에서 추출한 핵을 이식하면 클론을 복제할 수 있다.

복제 양 돌리 세계 최초로 성체 세포를 복제해 태어난 포유류. 1996년에 로슬린 연구소와 PPL 테라퓨틱스 연구팀은 양의 유선 세포에서 추출한 세포핵을 다른 양의 난자에 집어넣는 핵 이식 기술(세포에 원래 들어 있던 유전 물질을 제거하고 새로운 유전 물질을 주입하는 방법)로 돌리를 만들었다. 돌리는 유전 물질(유선 세포의 핵)을 제공한 양과 유전적으로 동일하다. 1996년 7월 5일에 태어난 돌리는 6년 6개월 정도를 살았고, 2003년 2월 14일에 죽었다.

생물막 여러 박테리아 종이 한데 모여 서로 협력하면서 자급자족하는 군집을 이룬 형태. 한 종의 노폐물을 다른 종이 영양분으로 활용하기도 한다. 치석도 생물막이다.

세포 유기체의 기본 단위. 모두 그렇지는 않지만 세포는 대부분 핵이 있고 세포막에 둘러싸인 세포질이 있다. 미생물은 박테리아나 효모처럼 단세포인 생물이 많다.

세포 소기관 세포 안에 들어 있는 미세 구조물(또는 소기관).

세포질 세포의 외부 막(세포막)에 둘러 싸여 있으면서 세포핵을 감싸고 있는 세포 부분.

세포핵 거의 모든 진핵세포에서 유전 물질을 담고 있는 중요한 세포 소기관. 이중으로 된 핵막에 둘러싸여 있다.

시아노박테리아 광합성으로 에너지를 만드는 단세포 원핵생물. 청록박테리아나 남조류라고 부르기도 하는데, 지구에 가장 먼저 출현한 생물이라고 알려져 있다. 오스트레일리아 서부에서 35억 년 전에 살았던 시아노박테리아 화석이 발견됐다.

RNA 살아 있는 세포에서 단백질 합성에 아주 중요한 역할을 하는 리보핵산 분자. DNA가 아니라 RNA가 유전 정보를 전달하는 바이러스도 있다.

엽록체 녹색 식물의 세포에 들어 있는 색소체(세포 소기관이다)로 광합성이 일어난다.

원생생물 미생물과 먼 친척 관계인 생물 무리로, 보통 단세포 생물이다. 조류처럼 엽록체가 있어 식물에 더 가까운 원생생물도 있고, 아메바처럼 동물에 더 가까운 원생생물도 있고, 효모처럼 균류에 가까운 원생생물도 있다.

원핵세포 뚜렷한 세포핵이 없고 세포 소기관이 없는 단세포 유기체.

유전자 염색체를 구성하는 유전의 기본 단위. 생물의 유전자는 주로 DNA이지만 RNA인 바이러스도 있다.

유전자 변형 생물 사람이 원하는 형질을 얻으려고 유전자를 조작한 유기체. 해충에 강한 식물이 그 예이다.

중심소체 동물 세포에서 핵 근처에서 발견되는 한 쌍의 세포 소기관. 세포 분열할 때 중요한 역할을 한다.

진핵생물 세포핵에 뚜렷한 막이 있는 단세포나 다세포 생물.

포자 일부 식물이나 균류에서 생식을 담당하는 기본 단위로, 하나의 세포로 되어 있다.

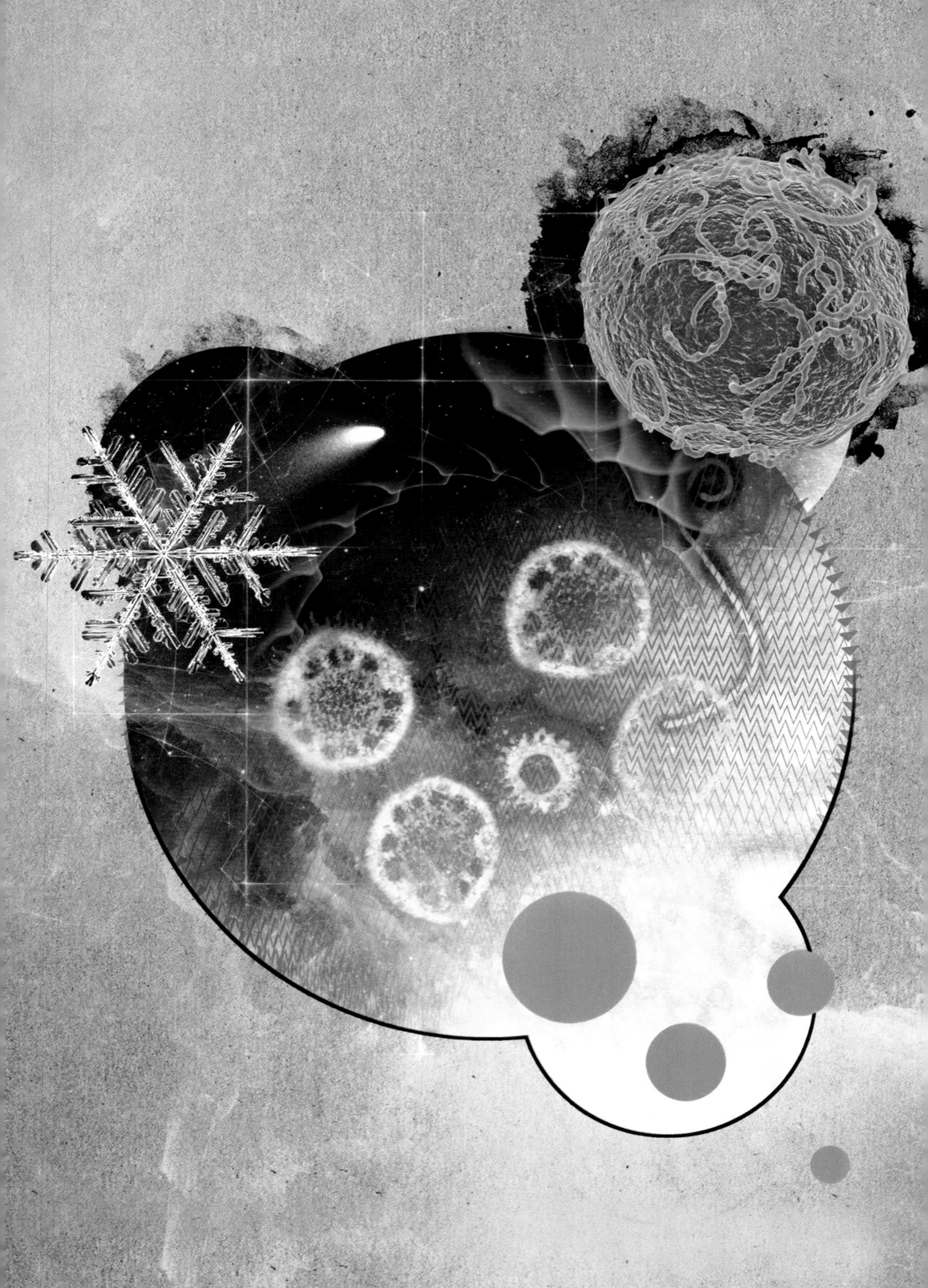

생명의 기원-바이러스

ORIGINS OF LIFE – VIRUSES

지구에서 생명체는 지구가 탄생하고 10억 년이 채 지나지 않은 35억 년쯤 전에 처음 나타났다. 최초의 생명체가 어떤 형태였는지는 아무도 모른다. 아마도 구조는 아주 단순하고 자가 생식이 가능한 화학 반응을 할 수 있었을 것이다. 우주를 떠다니는 얼음 알갱이나 혜성 표면에서는 아주 복잡한 유기 화합물이 만들어지기도 한다는 사실은 잘 알려져 있다. 지구에 존재하는 물은 대부분 혜성에서 왔을지도 모른다는 사실을 생각해보면 지구 생명체를 만든 재료는 우주에서 왔을지도 모른다. 가장 단순한 현생 유기체는 바이러스이다. 바이러스는 다른 세포 속으로 들어가야지만 활동을 시작하고, 생식과 번식도 전적으로 다른 세포에게 의존하기 때문에 바이러스를 생명체라고 여기지 않는 과학자들도 많이 있다. 바이러스는 단백질로 이루어진 피막 안에 유전 물질이 소량 들어 있다. 세포 안으로 침입한 바이러스는 숙주 세포의 생식기계를 가로채 DNA일 수도 있고 RNA일 수도 있는 자신의 유전 물질을 복제하고 단백질 피막을 생산한다. 바이러스에 감염된 숙주 세포는 결국 터져버리고, 터진 세포에서 나온 바이러스 수천 개체는 또 다른 숙주 세포 안으로 침입한다. 천연두, 에볼라, 독감, 에이즈처럼 흔히 바이러스는 사람에게 질병을 퍼트리는 병원체로 알고 있지만, 실제로 바이러스는 박테리아를 비롯한 모든 유기체의 세포에 기생한다. 바이러스는 대부분 아주 작아서 전자 현미경으로만 볼 수 있는데, 최근에는 미미바이러스처럼 다른 바이러스가 기생할 정도로 커다란 바이러스도 발견했다.

관련 주제

박테리아
21쪽

원생생물
25쪽

지구 계통발생학
129쪽

3초 인물 소개

루이 파스퇴르
1822~1895
프랑스 과학자. 광견병을 일으키는 병원체를 찾지 못하자, 광견병 병원체는 너무 작아서 일반적인 현미경으로는 발견할 수 없다고 추론했다(현재 광견병 병원체는 바이러스라고 알려져 있다).

드미트리 이오시포비치 이바노브스키
1864~1920
바이러스를 처음 발견한 러시아 식물학자. 이바노브스키가 발견한 바이러스는 담배모자이크 바이러스이다.

바이러스는 자신이 침입한 숙주 세포를 터트린 뒤에 다른 숙주 세포를 찾아 사방으로 퍼져나간다. 바이러스는 감기부터 소아마비까지 다양한 질병을 일으킨다.

30초 저자
헨리 지

3초 분석
'생명'을 정의하려는 시도는 아주 많았다. 생명을 정의하는 일은 '재즈'를 정의하는 일과 비슷하다. 명확하게 정의할 수는 없지만 경험을 하면 그것이 무엇인지는 안다.

3분 정리
미미바이러스가 발견된 뒤로 좀 더 복잡한 유기체가 훨씬 간단한 바이러스의 형태로 진화했을지도 모른다는 주장이 나왔다. 가장 간단한 박테리아도 바이러스보다는 훨씬 복잡하며 그 구조도 바이러스와는 완전히 다르기 때문에 바이러스 이전에 어떤 생명체가 있었는지는 완벽하게 베일에 싸여 있다. 2013년에 발견된 판도라바이러스는 지금까지 발견된 바이러스 가운데 가장 큰데, 다른 바이러스들과는 전혀 달라서 지금까지 알려지지 않았던 전혀 다른 새로운 생명체일 가능성도 제기되고 있다. 다행히 판도라바이러스는 아메바에만 기생한다.

박테리아
고세균
진핵생물

고세균

ARCHAEA

고세균은 얼핏 보면 박테리아라고 생각할 수 있는 작은 단세포 생물이다. 박테리아처럼 원핵생물이라서 진핵생물(원생생물, 식물, 동물, 균류)과 달리 뚜렷한 세포핵이 없고 미토콘드리아나 엽록체 같은 세포 소기관도 없다. 한동안 고세균은 온천 같은 극한 환경에서만 서식한다고 생각했지만, 최근 연구 결과에 따르면 고세균도 박테리아처럼 지구에 존재하는 거의 모든 환경에서 살고 있다고 여겨진다. 고세균은 소나 사람 같은 동물의 궁둥이에서 나오는 메탄을 생산한다. 사람의 배꼽에서 살아가는 고세균도 있다. 박테리아와 달리 고세균이 사람에게 일으키는 질병은 없다. 전체적으로 보았을 때 고세균은 철저하게 베일에 싸여 있는 생물이다. 고세균은 대부분 실험실에서는 배양할 수 없으며 많은 경우 자연에서 찾아낸 DNA의 염기서열을 분석한 뒤에야 존재하고 있음을 알 수 있다. DNA를 조사한 과학자들은 고세균이 박테리아와는 다른 생물임을 알았다. 고세균은 박테리아보다는 진핵생물과 훨씬 비슷한 점이 많은 것으로 보아 고세균에서 진핵생물이 진화했을 가능성도 있다.

관련 주제

박테리아
21쪽

린 마굴리스
23쪽

지구 계통발생학
129쪽

3초 인물 소개

칼 워즈

1928~2012

유전자 염기서열 분석으로 고세균이 박테리아와는 다른 생물 '영역'에 속한다는 사실을 처음으로 입증해보인 미국 생물학자.

30초 저자

헨리 지

3초 분석

칼 워즈는 지구 상에 서식하는 생물은 고세균 영역, 박테리아 영역, 진핵생물 영역이라는 세 영역(domain)으로 나뉜다고 했다. 고세균의 세포는 진핵생물의 세포와 아주 닮았기 때문에 세 영역이 두 영역으로 합쳐질 수도 있다.

3분 정리

최근에 나온 연구 결과에 따르면 북극해 바닥 침전물에서 발견한 고세균에는 진핵세포에서만 발견되는 유전자가 들어 있다고 한다. 이 고세균 '로키아르카이오타(Lokiarchaeota)'는 진핵세포가 고세균에서 진화했다는 주장을 뒷받침해 주는 증거이다. 한 고세균에게서 원시적인 진핵세포의 핵이 생기고 고세균과 관계를 맺고 있던 박테리아가 미토콘드리아나 엽록체, 중심소체 같은 세포 소기관으로 진화하면서 진핵세포는 탄생했을 것이다.

한때 고세균은 온천처럼
특별한 서식지에서만 산다고 알려져 있었다.
하지만 그렇지 않다.
고세균은 거의 모든 환경에서 산다.

박테리아

BACTERIA

어디를 둘러봐도 박테리아는 있다. 이 단세포 생물들은 단일 개체로는 광학 현미경으로 들여다보아야만 간신히 보일 정도로 작지만, 전체 생물량은 모든 식물과 동물을 합한 것보다도 많다. 박테리아는 우리 몸을 이루는 세포 한 개당 열 개체의 비율로 존재할 정도로 엄청난 수가 우리 몸(의 안과 표면)에서 살아가고 있다. 박테리아가 가장 많이 서식하는 인체 기관은 소화관과 피부이다. 지각 깊은 곳에서부터 우주에 맞닿을 곳까지, 토양 하나하나에, 물 한 방울 한 방울에, 박테리아가 서식할 수 있는 환경이 조성된 거의 모든 곳에서 박테리아는 살아간다. 폐결핵, 한센병, 뇌막염, 콜레라, 림프절 페스트 같은 질병을 일으키는 박테리아도 있지만, 박테리아는 대부분 동식물과 조화를 이루면서 동식물이 영양분을 순환하는 과정에 도움을 준다. 지구에서 가장 먼저 출현한 생명체라고 알려져 있는 박테리아는 34억 년도 더 된 화석이 남아 있다. 동물이나 식물, 원생생물의 세포와 달리 박테리아는 형태가 단조롭고(박테리아는 막대형이거나 나선형, 구형, 가느다란 실형이 대부분이다), 세포 소기관도 복잡하지 않지만 진핵생물과는 다른 다양한 물질대사 방식을 발전시켜왔다. 박테리아는 쓰레기를 분해하고 공기에 있는 질소를 식물이나 동물이 사용할 수 있는 형태로 바꾸고 동물이 숨쉬는 데 꼭 필요한 산소를 만들고 우유를 변형해 요구르트와 치즈를 만든다.

30초 저자

헨리 지

3초 분석

박테리아는 현미경을 발명한 안토니 판 레이우엔훅이 1676년에 처음 발견했다. 하지만 그 뒤로 1세기 동안 박테리아를 관찰한 사람은 없었다.

3분 정리

박테리아는 수많은 박테리아 개체가 모여 서로 영양분을 주고받는 '생물막'을 만들기도 한다. 생물막은 해저에 생기기도 하지만 폐 같은 곳에 생겨 낭포성 섬유증을 유발하기도 한다. 시아노박테리아가 모여 쿠션 같은 층상 구조를 이룬 스트로마톨라이트(stromatolites) 같은 고대 박테리아 화석은 직접 눈으로 관찰할 수도 있다. 염분이 아주 짠 바다에서는 아직도 해양 생물의 먹이가 되는 스트로마톨라이트가 자라고 있다.

관련 주제

고세균
19쪽

발생과 생식-박테리아
77쪽

상리공생
125쪽

3초 인물 소개

로베르트 코흐
1843~1910
콜레라, 탄저병, 폐결핵이 박테리아 때문에 생기는 질환임을 알아낸 독일 과학자. 감염 질환에 관한 현대 지식을 확립했다.

파울 에를리히
1854~1915
박테리아가 일으킨 감염을 치료하는 약을 개발한 독일 과학자. 아르스페나민이라고 하는 효능이 뛰어난 이 항생제는 매독을 치료하는 '마법의 탄환'이라고 불렸다.

로베르트 코흐(위)와 파울 에를리히는 박테리아 연구의 선구자이다.

1938년
시카고에서 린 페트라 알렉산더가 태어나다

1957년
시카고 대학교에서 학사 학위를 받고 천문학자 칼 세이건과 결혼하다

1960년
위스콘신 대학교로 옮겼다가 곧바로 버클리 대학교를 거쳐 매사추세츠 주 브랜다이스로 가다(1964년에 브랜다이스로 갔고, 1965년에는 버클리 대학교에서 박사 학위를 받았다)

1964년
칼 세이건과 이혼하다

1966년
보스턴 대학교로 전근하다

1967년
공생발생설의 이정표가 될 논문 「유사분열 세포의 기원(On the Origin of Mitosing Cells)」을 발표하다

1967년
결정학자인 토머스 M. 마굴리스와 결혼하다

1970년
『진핵세포의 기원(Origin of Eukaryotic Cells)』을 출간하다

1978년
공생발생이 실험으로 증명되다

1980년
토머스 M. 마굴리스와 이혼하다

1988년
애머스트 매사추세츠 대학교 특훈교수로 임명되다

2011년
뇌졸중으로 쓰러지고 5일 뒤에 사망

린 마굴리스

모든 과학에는 혁명을 일으킬 사상가가 필요하다. 그래야 지금은 괴상하게만 느껴지는 생각들이 미래에는 교과서에 실릴 정설이 될 수 있다. 그런 혁명가 중에서도 공생발생을 주장한 린 마굴리스(Lynn Margulis, 1938~2011)만큼 혁명적인 사상가는 많지 않다. 공생발생설은 처음 발표했을 때는 미친 생각으로 치부됐지만, 지금은 현대 생물학의 초석을 세운 엄청난 사상이라는 평가를 받고 있다. 시카고에서 유대인 대가족의 일원으로 태어난 린은 열정적이었고 조숙했다. 열여섯 살에 시카고 대학교에 입학한 린은 스무 살 때 원생생물인 유글레나의 유전에 관한 논문을 발표했다(린의 첫 논문이다). 린은 1966년에 진핵세포의 기원에 관한 논문을 발표해 과학계의 탐탁지 않은 시선을 받았다. 이 논문에서 린은 진핵세포가 박테리아와 협력하면서 진화해왔다는 주장을 펼쳤다. 린은 엽록체나 미토콘드리아 같은 세포 소기관은 원래 독립생활을 하던 유기체였지만 다른 유기체와 함께 생활하는 방식을 발전시키면서 진핵세포가 탄생했다고 주장했다. 린의 주장을 실험을 통해 입증하기까지는 10여 년의 세월이 더 흘러야 했지만 현재 우리는 그 주장이 대부분 옳았음을 알고 있다. 자체 DNA를 가지고 있으며 식물의 세포에서 광합성을 담당하는 작은 녹색 세포 소기관인 엽록체는 한때는 시아노박테리아 계통의 미생물이었음이 밝혀졌다(시아노박테리아는 청록박테리아라고 부르기도 했다). 세포가 소비해야 하는 에너지를 상당량 생산하는 미토콘드리아도 자체 DNA가 있으며, 한때는 프로테오박테리아 계통형과 먼 친척 관계에 있는 독립 미생물이었다. 논란을 야기하는 많은 사상가가 그렇듯이 린 마굴리스도 그 정도에서 멈추지 않았다. 제임스 러브록(1919년 출생)과 함께 린은 지구는 스스로 조절하는 단일계라고 주장하는 '가이아(Gaia)'설을 전폭적으로 지지하고 그에 관해 많은 의견을 냈으며, 그보다 더 큰 논쟁을 불러일으킨 주장도 했다. 바로 '인간 면역 결핍 바이러스(HIV-1)'는 에이즈(AIDS, 후천성 면역 결핍증)를 일으키는 원인균이 아니라는 주장이다. 두 번 결혼하고 두 번 이혼한 린은 소문에 따르면 일류 과학자가 되는 동시에 일류 아내와 일류 어머니가 되는 일은 사람이 할 수 있는 일이 아니라고 했다고 한다.

20
30
60

원생생물

PROTISTS

30초 저자
헨리 지

원생생물은 단세포 생물이라는 것만이 유일한 공통점일 수 있는 아주 다양한 미생물 무리로 이루어져 있다. 아메바나 짚신벌레처럼 동물에 가까운 원생생물도 있고 조류처럼 엽록체가 있는 식물에 가까운 원생생물도 있고 점균류나 효모처럼 균류에 가까운 원생생물도 있다. 말라리아를 일으키는 말라리아원충이나 수면병을 일으키는 트리파노소마 같은 악명 높은 병원체도 있고, 적조 현상(조류 블룸)을 일으키는 와편모조류처럼 환경에 문제를 일으키는 원생생물도 있다. 단세포 생물이라고 해서 복잡할 리가 없다고 생각하면 안 된다. 조류 가운데에는 여러 원생생물을 '삼키면서' 진화해온 종도 있어서 세포 안에 네 개나 되는 조상 종의 DNA를 간직하고 있는 경우도 있다. 돌말, 방사충류, 석회비늘편모류, 유공충류 같은 원생생물은 칼슘이나 규소를 활용해 정교한 껍데기를 만든다. 무엇보다도 놀라운 원생생물은 워노위이드 와편모조류(*Warnowiid dinoflgellates*)일 것이다. 이 원생생물은 단세포 생물인데도 가시 같이 복잡한 세포 소기관이 있으며 수정체와 망막에 해당하는 '눈'을 가지고 있다. 다세포 유기체처럼 생활하는 원생생물도 있다. 해초는 다세포 조류이며, 점균류는 먹이가 부족할 때는 한데 뭉쳐 민달팽이처럼 이동하기도 한다.

3초 분석
아메바, 짚신벌레, 조류처럼 원생생물은 많은 경우 연못이나 물웅덩이 같은 곳에서 자유롭게 독립생활을 한다. 박테리아와 달리 원생생물은 일반적인 현미경으로도 볼 수 있다.

3분 정리
원생생물은 동물이나 식물, 균류처럼 진핵생물이다. 원생생물은 세포가 크고 유전 물질은 세포질과 뚜렷하게 구별되는 한 개나 한 개 이상의 세포핵에 들어 있다. 원생생물의 세포질에는 미토콘드리아나 엽록체 같은 다양한 세포 소기관이 있다. 원생생물의 세포는 원핵생물로 분류하는 박테리아나 고세균의 세포보다 훨씬 크고 복잡하다. 진핵생물은 10억 년 전이나 20억 년쯤 전에 지구에 등장했는데, 고세균의 한 계통에서 갈라져 나왔으리라고 추정하고 있다.

관련 주제

고세균
19쪽
상리공생
125쪽
지구 계통발생학
129쪽

3초 인물 소개

안토니 판 레이우엔훅
1632~1723
네덜란드 직물상인이자 렌즈 제작자로 세계 최초로 현미경을 만들어 원생생물을 관찰했다.

린 마굴리스
1938~2011
공생발생설을 주장한 미국 생물학자. 공생발생설은 간단한 형태의 유기체가 서로 뭉쳐 진핵세포를 포함한 많은 유기체로 발전해왔다고 주장하는 이론이다.

원생생물은 단세포 생물이지만 복잡할 수도 있고, 해로운 존재가 될 수도 있다.

균류

FUNGI

30초 저자
헨리 지

많은 균류가 세상에 존재하는 틈새나 공동 속에서 거의 눈에 띄지 않은 채 살아간다. 균류는 동물과 식물과 함께 세 번째로 큰 다세포 진핵생물 무리인데, 주로 자실체의 형태로 눈에 띈다. 우리가 버섯이나 독버섯이라고 부르는 것도 사실은 균류의 자실체이다. 균류는 생활사 대부분을 실처럼 가는 '균사' 단계로 보낸다. 균사는 균류가 살아 있는 동안 토양이나 물속에서 계속해서 뻗어나간다. 뻗어나가던 균사가 같은 종의 균사를 만나면 결합해 생식 단계로 접어들어 자실체를 만든다. 자실체가 완전히 성숙하면 포자가 터져나오고 포자는 또다시 균사로 발아해 퍼져나간다. 동물처럼 균류도 유기 물질을 분해해 에너지를 얻는다. 곰팡이, 작물에 발생하는 녹병이나 깜부기병, 무좀, 백선증, 네덜란드 느릅나무병 같은 질병을 일으키는 균류도 있고, 전 세계 양서류들에게 심각한 위협을 가하는 개구리 효모균 같은 무시무시한 균류도 있다. 하지만 많은 식물이 식물의 뿌리에서 서식하며 토양을 비옥하게 만드는 균근(*mycorrhizae*)이 없다면 살아갈 수 없다. 사람도 균류가 없었으면 항생제를 만들지 못했을 테고, 식물 조직을 발효하는 효모가 없었다면 와인도 맥주도 마실 수 없었을 것이다.

관련 주제
식물
29쪽
상리공생
125쪽

3초 인물 소개
알렉산더 플레밍
1881~1955
자신이 연구하던 박테리아 배지를 오염시킨 곰팡이에서 우연히 항생 물질(페니실린)을 발견한 스코틀랜드 생물학자.

3초 분석
균류는 식물보다는 동물에 훨씬 가깝다. 지의류는 균류와 조류가 공생한다.

3분 정리
균사는 현미경으로 들여다보아야지만 보일 정도로 미세하고 아주 멀리까지 넓게 퍼져나갈 수 있다. 따라서 살아 있는 유기체 가운데 가장 크고 무겁고 오래된 유기체 목록에 균류가 들어간다는 것은 전혀 놀랍지 않다. 미국에 서식하는 한 뽕나무버섯 계통의 균류(*Armillaria bulbosa*)는 단일 개체가 37에이커의 넓이에 거의 1만 킬로그램이 넘는 무게로 살아가고 있는데, 이 균류는 적어도 1,500년 이상 존재해왔다. 균사는 대부분 땅 밑에 숨어 있기 때문에 이 균류의 전체 규모는 가늠하기 어렵다.

맛있는 버섯, 무시무시한 독버섯, 와인과 블루치즈……
균류가 없었다면 이 세상은 훨씬 지루했을 것이다.

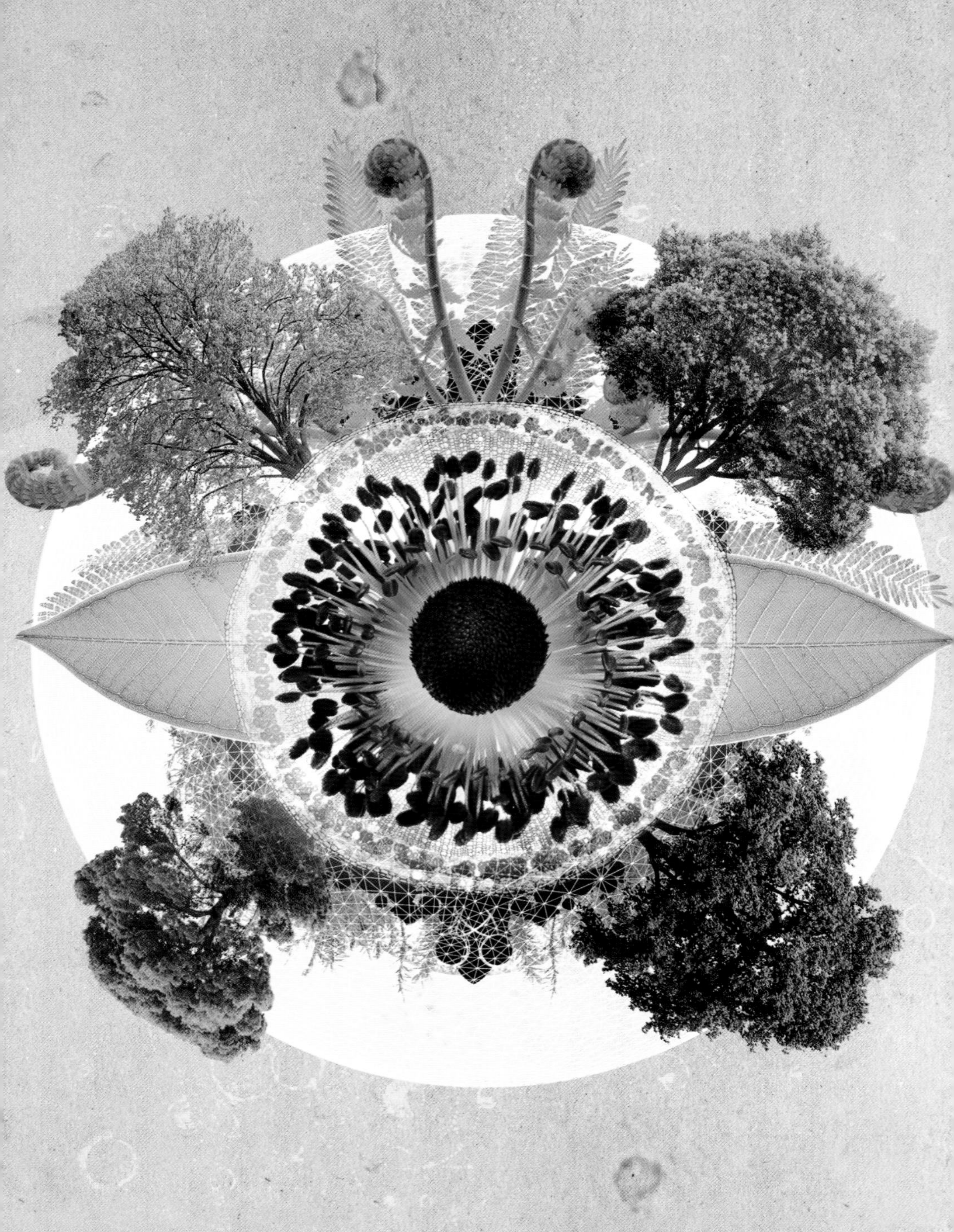

식물

PLANTS

30초 저자
헨리 지

모든 유기체 가운데 식물은 사람이 가장 많이 의존하는 생물일 것이다. 그런데도 사람들은 그 사실을 그저 당연하게만 여긴다. 우리가 먹는 음식, 입고 있는 옷과 살아가는 집을 만들 재료는 대부분 식물에서 얻는다. 석유와 플라스틱은 수억 년 전에 살았던 식물의 잔해이다. 녹색 식물은 광합성을 해 우리를 숨 쉬게 해주는 산소를 만든다. 광합성을 할 때 식물은 엽록소라는 녹색 색소에 가둔 햇빛을 이용해 물과 이산화탄소를 설탕과 녹말로 바꾼다. 사람은 밀이나 쌀, 기장 같은 몇몇 초본 식물만을 주로 길러 먹지만 지구에서 살아가는 녹색 식물은 수십만 종이 넘는다. 최초의 녹색 식물은 단순한 조류에서 진화했으며 4억 년쯤 전에 처음으로 육상으로 진출했다. 처음 육상에서 뿌리를 내린 식물은 가느다란 줄기 꼭대기에 포자낭을 매단 형태였을 것이다. 하지만 식물을 곧 '목질부'라는 단단한 조직을 만들고 3억 6,000만 년쯤 전이면 지구 전역에 숲을 조성하기 시작한다. 최초의 나무들은 양치식물처럼 생겼고, 침엽수는 좀 더 뒤에야 지구에 출현한다. 현재 지구에서 우위를 차지하고 있는 꽃 피는 식물들은 공룡이 살았던 1억 년 전부터 2억 년 전 사이에 처음 등장했다.

관련 주제
동물
35쪽
공진화
121쪽

3초 인물 소개
칼 폰 린네
1707~1778
식물의 생식사를 집중적으로 연구했던 스웨덴 식물학자. 생물 분류 체계를 만들어 현대 과학자들이 생물을 분류할 수 있는 기반을 확립했다.

아이린 맨턴
1904~1998
양치식물과 조류를 연구하고 전자 현미경으로 식물 세포의 세부 구조를 연구한 영국 식물학자.

3초 분석
식물은 많은 세포로 이루어진 다세포 유기체이다. 식물은 태양 빛을 받아 물과 이산화탄소를 녹말로 만들어 자신이 사용할 에너지를 직접 생산한다.

3분 정리
녹색 식물은 다 자라면 한 곳에서 움직이지 않기 때문에 쉽게 먹힐 수 있다. 식물은 천적을 물리치려고 셀룰로오스나 리그닌 같은 단단한 물질로 동물이 소화할 수 없는 세포벽을 만들었고, 쓴맛이 나는 수많은 독성 물질을 분비한다. 식물이 만드는 독성 물질 가운데 아스피린 같은 물질은 현재 약으로 쓰고 있다. 하지만 식물은 꿀 같은 달콤한 물질을 만들어 동물을 유혹하기도 한다. 식물이 끌어들이는 동물은 식물의 수분을 도와 번식할 수 있게 해준다.

양치식물부터 나무까지 식물은
사람이 살아가려면 반드시 있어야 하는 존재들이다.
숲은 3억 6,000만 년이라는
엄청난 시간 동안 우리와 함께했다.

합성생물학–논쟁거리

CONTROVERSY SYNTHETIC LIFE

30초 저자
헨리 지

2010년, 과학 잡지 「사이언스」에는 세계 최초로 유기체를 '합성'했다는 기사가 실렸다. 크레이그 벤터 연구팀은 아주 단순한 유기체인 마이코플라스마(mycoplasma)의 게놈을 완전히 새로 만들어 DNA를 제거한 또 다른 마이코플라스마 세포에 삽입했다. 마이코플라스마의 게놈은 100만 개 정도 되는 염기로 이루어져 있다. 합성 유기체임을 알리는 유전자 '워터마크(지폐나 컴퓨터에서 불법 복제를 막는 기술—옮긴이)'를 가지고 있는 이 새로운 유기체는 실험실에서 분열하는 능력을 발휘했다. 하지만 벤터 연구팀이 만든 유기체는 이미 발생한 형판에 이미 존재하는 세포를 사용해 만들었기 때문에 엄밀한 의미에서는 합성 유기체라고 할 수 없었다. '유전 물질을 제거한 세포에 새로운 유전 물질을 삽입해 만든 복제 양 돌리'나 '실험실에서 진행하는 DNA 합성 기술' 같은 기존 복제 기술과 벤터 연구팀이 사용한 유기체 합성 방식이 전적으로 다른 기술이라고 볼 수는 없을 것 같다. 과학자들이 스스로 복제하는 유기체를 전적으로 처음부터 새롭게 만들어내려면 아직 갈 길이 멀다. 어쩌면 과학자들이 놓치고 있는 가장 중요한 요소는 유전 물질을 삽입할 살아 있는 세포인지도 모른다. 완전히 새로운 합성 유기체를 만들기에는 아직 우리의 지식이 미천한지도 모르겠다. 아직 우리는 세포가 어떤 식으로 살아가고 어떤 식으로 자원을 활용하며, 어떤 방식으로 노폐물을 버리고 분열하는지를 자세하게는 알지 못한다. 하지만 새로운 바이러스 입자를 만드는 능력은 현재의 기술로도 충분히 가능하다.

3초 분석
진화생물학, 전기공학 같은 다양한 학문을 기반으로 하는 합성생물학은 생명을 상호작용하는 분자 요소들의 '회로'라고 생각한다.

3분 정리
농사를 짓게 된 뒤로 사람은 늘 새로운 동물과 식물 품종을 개발해왔다. 동물과 식물에 외부 유전 물질을 삽입해 만드는 유전자 변형 생물(GMO)은 생물이 수 세대가 흘러야 가질 수 있는 형질을 단번에 갖게 된다. 생물을 합성하는 과정은 거기서 멈추지 않는다. 과학자들은 전적으로 컴퓨터가 설계한 유전자대로 유기체를 만들어 낼 수도 있다. 그러나 일단 구현된 뒤에는 합성 유기체의 행동을 통제하기도 어렵고 예측하기도 어려울 수 있기 때문에 컴퓨터가 설계한 유기체를 만든다는 생각은 위험할 수도 있다.

관련 주제
생명의 기원–바이러스
17쪽
동물
31쪽
DNA, RNA, 단백질
39쪽

3초 인물 소개
베르너 아르버
1929~
해밀턴 스미스와 다니엘 네이선스와 함께 제한효소를 발견한 공로로 1978년에 노벨 생리의학상을 수상한 스위스 생물학자.

J. 크레이그 벤터
1946~
인간 게놈의 염기서열을 세계 최초로 분석하고 합성 생물에 가까운 유기체를 만든 미국 생물학자이자 민간기업가.

시험관 생물?
벤터 연구팀은 생물의 세포에 실험실에서 합성한 게놈을 삽입했다.

유전자 ◑

유전자
용어해설

게놈과 유전자형 게놈은 한 유기체나 세포에 들어 있는 유전 물질이나 유전자의 총합을 의미한다. 게놈학은 한 유기체의 게놈을 진화와 기능과 구조라는 관점에서 연구하는 학문이다. 유전자형은 한 유기체의 유전자 구성을 가리키는 용어이다.

단백질 살아 있는 세포에 반드시 있어야 하는 유기 물질. 아미노산 사슬로 이루어져 있다.

단백질체 게놈이 발현하는 모든 단백질의 총합.

대립 형질 원래 유전자가 있어야 할 염색체 자리에 대신 존재하는 대체 유전자(일반적으로 내리는 대립 형질의 정의는 '생물에서 염색체 위에 한 쌍씩 존재하는 동일한 위치에 있는 대립 유전자가 나타내는 생물의 특징'이다—옮긴이).

대사체 한 유기체 안에 들어 있는 작은 화학 분자들의 총합.

돌연변이 DNA에서 염기가 바뀌어 유전자의 구조가 바뀌거나 염색체나 유전자 일부에서 배열이 바뀌거나 사라지거나 첨가됐을 때 발생하는 변화.

DNA 디옥시리보핵산. 유전 형질을 전달하도록 지정된 유전 정보를 운반하는 분자. 모든 원핵생물과 진핵생물의 세포에 들어 있다.

아미노산 단백질을 구성하는 물에 녹는 유기 물질. 단백질을 만드는 아미노산의 개수는 대략 24개 정도인데, 그 가운데 10개는 인체에서 만들어지지 않기 때문에 음식의 형태로 섭취해야 한다. 음식으로 먹어야 하는 아미노산을 필수 아미노산이라고 한다.

RNA 리보핵산. 모든 살아 있는 세포에서 발견할 수 있는 화합물로 단백질 합성에 핵심 역할을 한다. DNA가 아닌 RNA가 유전 정보를 전달하는 바이러스도 있다.

X선 결정학자 원자나 분자의 결정 구조를 분석해 생체분자의 구조를 연구하는 과학자들.

염색체 유전 정보를 운반하는 유전자들이 모인 실처럼 가는 생체 구조물. 진핵세포의 세포핵 속에 들어 있다(진핵세포의 세포핵에는 뚜렷하게 구별되는 핵막이 있다). 염색체는 주로 DNA로 이루어져 있지만 RNA와 단백질도 들어 있다. 뚜렷한 핵막이 없는 원핵세포에는 오직 DNA로만 이루어진 단 한 개의 염색체가 있다.

오래된 혈통(deep ancestry) 한 유기체가 수억 년은 더 되었을 먼 과거에 살았던 유기체에게서 물려받은 유전 형질.

우생학 유전자를 조작하거나 특정 형질을 가진 개체만을 번식시켜 사람 집단의 형질을 '향상'시키겠다는 목표를 갖는 유사 과학. 우생학에서는 전 인류의 형질을 개선한다는 이유를 내세워 '결함이 있는' 유전자를 가진 사람의 생식을 강제로 막으려 할 수도 있다. 우생학이라는 용어는 영국 자연사학자 프랜시스 골턴이 지었다.

유전자 염색체를 구성하는 유전 단위. 유기체의 유전자는 대부분 DNA로 이루어져 있지만 RNA로 이루어져 있는 바이러스도 있다.

유전자 부동 한 개체군 내에서 유전자 변이가 일어나는 빈도가 무작위로 변하는 현상. 진화가 작동하는 한 방식이다.

이주 개체군(집단)의 움직임. 진화 용어로는 한 개체군에서 다른 개체군으로 유전자가 이동하는 현상도 이주라고 한다.

자연선택 환경에 가장 잘 적응한 유기체만이 살아남아 더 많은 자손을 생산하게 하는 자연의 한 과정. 어떤 장소에 검은색 곤충과 흰색 곤충이 살아가는데, 검은색 곤충이 흰색 곤충보다 새들의 눈에 덜 띄어 덜 잡아먹힌다고 생각해보자. 흰색 곤충은 계속해서 잡아먹히기 때문에 생식에 성공하는 개체가 적을 수밖에 없다. 그와 달리 덜 잡아 먹혀 더 많이 살아남은 검은색 곤충은 더 많은 자손을 낳을 수 있다. 검은색 곤충이 환경에 더 잘 적응한 것이다. 시간이 흐르면 결국 흰색 곤충은 멸종할 테고, 그 지역의 개체군은 전적으로 검은색 곤충으로 구성될 것이다. 영국 동식물학자 찰스 다윈이 제시한 이론의 핵심 개념인 자연선택은 유전자 부동, 이주, 돌연변이라는 개념과 함께 진화가 작동하는 방식을 잘 설명해준다.

종 짝짓기를 했을 때 생식 능력이 있는 자손을 낳을 수 있는 유기체 무리를 가리키는 용어. 생물의 분류계통 목록(영역-계-문-강-목-과-속-종)에서 여덟 번째에 놓인 분류 기준이다. 종(種) 위의 분류 기준은 속(屬)이다.

포괄적응도 진화생물학에서 이타적 행동을 설명할 때 사용하는 개념. 유전자를 특정한 비율로 공유하는 개체들은 자기 유전자를 다음 세대로 전달할 가능성을 높이려고 서로 협력한다는 이론이다. 포괄적응도(inclusive fitness)와 밀접한 관련이 있는 혈연선택론(kin selection theory)은 동물은 혈연관계에 있는 개체들이 생식에 성공해야 자신에게 이득이 돌아올 때 이타적이고 사회적으로 행동한다고 한다.

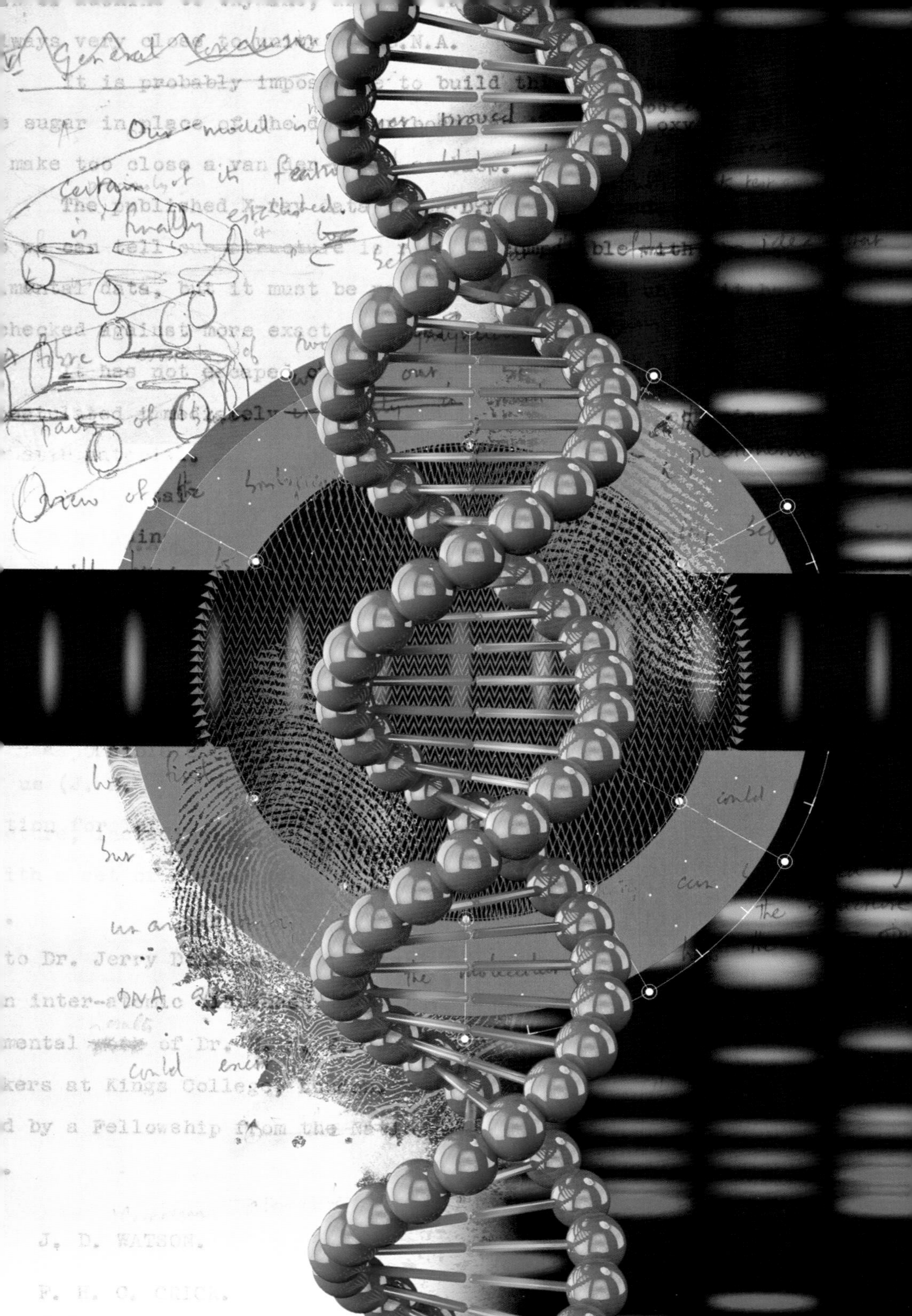

It is probably impos
sugar in place of the
make too close a van
The published X
mental data, but it must be
checked against more exact
has not escaped
to Dr. Jerry D
n inter-atomic
mental
kers at Kings Colle
d by a Fellowship from the
J. D. WATSON.
F. H. C. CRICK.

DNA, RNA, 단백질

DNA, RNA, PROTEINS

30초 저자
티파니 테일러

디옥시리보핵산(DNA)은 살아 있는 모든 세포의 분자 기계인 단백질을 만들 지침서를 담고 있다. 1953년에 왓슨과 크릭은 DNA의 구조를 밝혔다. DNA는 당인산 가닥이 두 줄로 늘어서 있고, 그 사이를 염기쌍이 빽빽하게 채우는 유명한 이중 나선 구조로 되어 있다. 두 개의 염기가 한 쌍을 이루고 있는 상보적 구조 덕분에 DNA는 세포를 복제하는 세포 기계 역할을 할 수 있다. DNA는 상당히 안정적인 분자라서 뛰어난 저장고로서의 역할도 하지만, 그와 동시에 단백질을 전사하고 번역할 정보를 지정하는 유용한 기능도 수행한다. 단백질은 효소로 작용하거나 생물체의 구조를 형성하는 등, 세포가 생물로서 활동할 때 없어서는 안 될 중요한 구성성분이다. 메신저RNA(mRNA)는 단백질의 특정 부분을 복사한 뒤에는 세포핵 밖으로 나가 세포질에 있는 리보솜으로 간다. 메신저RNA가 달라붙은 리보솜은 메신저RNA가 있는 곳으로 트랜스RNA(tRNA)를 불러들인다. 이 트랜스RNA에는 단백질의 구성 단위인 아미노산이 달라붙는다. 트랜스RNA에 달라붙은 아미노산들은 서로 화학 결합해 한데 뭉친다. 트랜스RNA는 메신저RNA를 따라 움직이면서 유전 암호를 번역하는데, 세 염기를 하나의 단위로 묶어서 번역한다. 트랜스RNA가 모든 암호를 번역하면 아미노산 사슬은 트랜스RNA에서 떨어져나온 뒤에 복잡한 3차원 구조로 접혀 단백질을 만든다.

관련 주제

후성유전학
45쪽
게놈학과 여러 학문들
47쪽
세포와 세포 분열
57쪽

3초 인물 소개
로잘린드 E. 프랭클린
1920~1958
그다지 많이 알려지지는 않은 영국 화학자이자 X선 결정학자. DNA의 구조를 밝히는 데 결정적인 공헌을 했다.

염기쌍들이 가운데를 채우고 있는 두 가닥 당인산 사슬이 나선처럼 꼬여 있는 유명한 이중 나선 구조의 DNA에는 단백질을 만들 암호가 들어 있다.

3초 분석
DNA에는 생명의 청사진이 암호로 저장되어 있다. RNA는 이 암호를 복제하고 해독해 분자 기계인 단백질을 만든다.

3분 정리
사람의 전체 DNA 가운데 98퍼센트는 특별한 암호를 지정하지 않는다. 이런 DNA들은 지금까지 '정크 DNA'라고 알려져 있었다. 하지만 이제는 정크DNA도 많은 경우 특별한 기능을 한다는 사실이 알려져 있다. 단백질을 번역하지 않는 RNA 분자(트랜스RNA 같은)를 지정하는 정크DNA도 있고, 전사(transcription)를 조절하는 마이크로RNA(microRNA)를 지정하는 정크DNA도 있다. 오래전에 활동했던 유전자의 잔재인 정크DNA도 있고 외부에서 몰래 끼어들어온(숙주 DNA로 몰래 들어와 세포가 유전 물질을 복제할 때 함께 복제되는 바이러스의 유전자인) 정크DNA도 있다. 특별한 암호를 지정하지 않는 이 DNA들은 과학자가 해독해야 할 '수수께끼 암호'들이다.

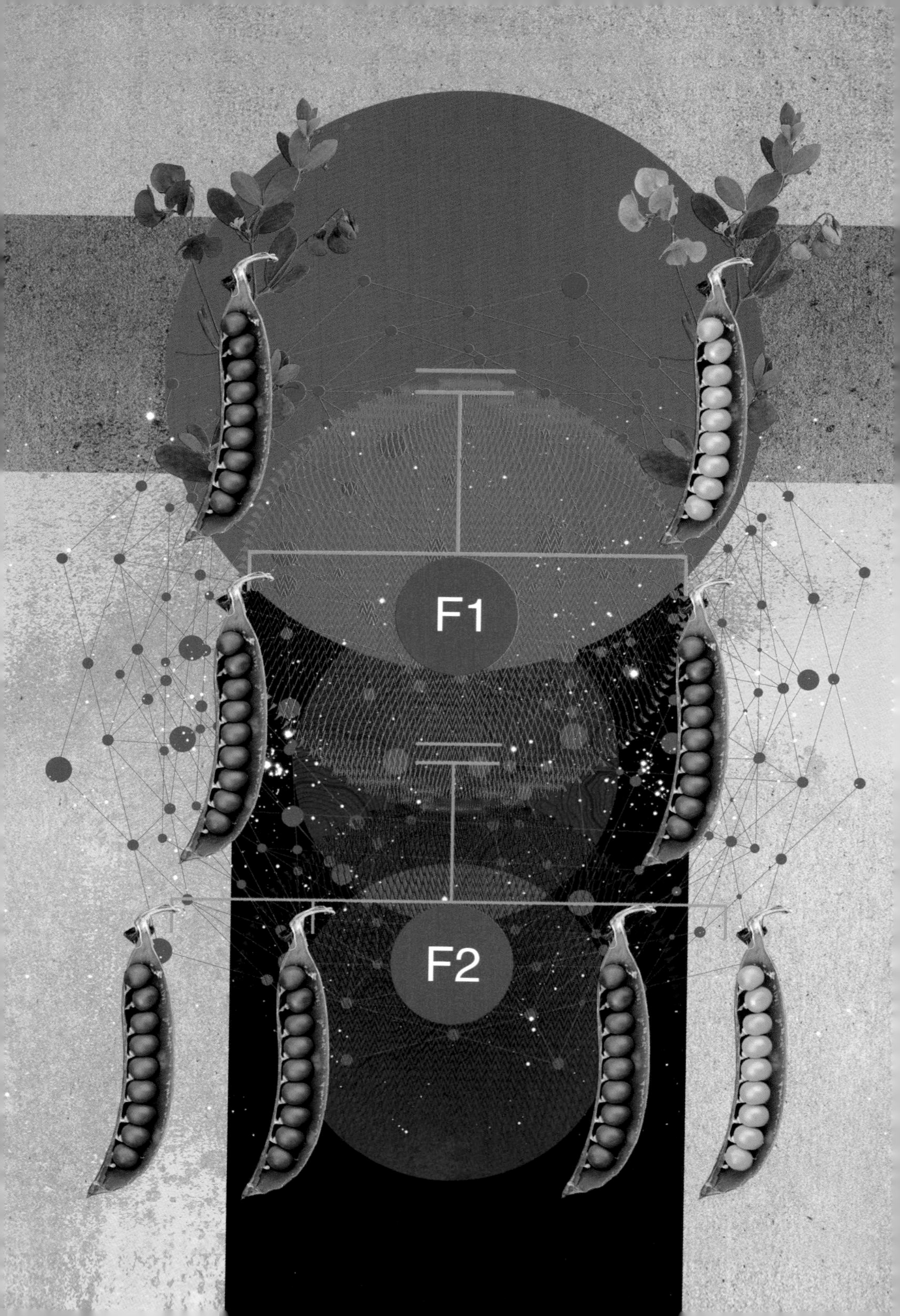
F1
F2

멘델의 유전

MENDELIAN GENETICS

30초 저자
티파니 테일러

아우구스티누스 회 수도사 그레고어 멘델이 진행한 선구적 연구를 멘델의 유전이라고 한다. 멘델은 1856년부터 1863년까지 완두를 수 세대 동안 선택적으로 교배해 특징을 관찰하는 놀라운 실험을 진행했다. 멘델의 유전은 형질이 한 세대에서 다음 세대로 전달되는 원리를 설명해준다. 멘델은 완두가 부모 세대의 형질을 정해진 비율대로 자손 세대에게 전달한다는 사실을 알아냈다. 완두의 꽃잎 색을 예로 들어보자. 완두는 흰색 꽃끼리 교배하면 자손 세대에서 모두 흰색 꽃이 핀다. 하지만 자주색 꽃끼리 교배하면 자손 세대에서는 흰색 꽃이 아예 피지 않거나 4분의 1의 확률로만 핀다. 멘델은 생물 계통의 가족사를 기반으로 부모의 형질이 자손에게서 나타나는 빈도를 예측할 수 있으며, 자손에게서 나타나는 형질은 우성이냐 열성이냐에 따라 다르게 발현된다고 생각했다. 유전이 우성으로 된다는 것은 해당 유전자가 가지고 있는 형질이 늘 유기체에게서 발현된다는 뜻이다. 열성 유전자는 개체가 그 유전자를 가지고 있다고 해도 우성 유전자가 있을 경우에는 해당 형질이 발현되지 않고 묻혀버린다. 부모가 모두 열성 유전자와 우성 유전자를 한 개씩 가지고 있는 개체였다면 자손에게서는 부모에게서는 발현되지 않았던 형질이 나타날 수도 있다. 자주색 완두꽃끼리 교배를 시켰는데도 흰색 꽃이 나오는 경우가 그런 예이다. 멘델의 혁명적인 생각은 현대 유전학이 탄생할 수 있는 초석을 마련했다.

관련 주제

DNA, RNA, 단백질
39쪽
개체군 유전학
43쪽
후성유전학
45쪽

3초 인물 소개

윌리엄 베이트슨
1861~1926
식물 교배 실험을 여러 차례 진행해 멘델의 연구 결과를 재발견한 영국 유전학자.

레지널드 C. 퍼네트
1875~1967
퍼네트 사각형(Punnett square)을 만든 것으로 유명한 영국 유전학자. 퍼네트 사각형은 생물학자들이 부모의 유전형을 가지고 자손에게서 나타날 형질의 비율을 계산할 때 쓰는 도구로 멘델의 유전 원리를 적용한다.

3초 분석
어째서 한 집안에 파란 눈을 가진 아이가 단 한 명만 태어날 수 있을까? 멘델은 완두 실험을 통해 그 이유를 설명할 수 있는 근거를 마련해주었다.

3분 정리
과학자들은 1900년이 되어서야 멘델의 실험이 아주 중요하다는 사실을 깨달았다. 1900년에 과학자들은 멘델의 연구를 재발견했고, 그 뒤로 유전학은 급진적으로 발전했다. 멘델의 연구가 세상에 알려진 뒤 콜롬비아 대학교의 토머스 H. 모건 연구팀은 초파리를 가지고 실험을 하면서 '초파리의 염색체는 유전자로 이루어져 있는데, 이 유전자야말로 유전의 기본 단위'임을 밝혀 멘델의 관찰을 입증할 실질적인 증거를 찾아냈다. 모건은 멘델의 유전을 입증한 공로로 1933년에 노벨 의학상을 받았다.

완두를 가지고 실험을 한 그레고어 멘델은 유전 형질이 자손에게 전달되는 방법을 밝혀냈다.

개체군 유전학

POPULATION GENETICS

개체군이라고 정의되는 집단에서 살아가는 생물 종들은 서로 밀접하게 관계를 맺고 살며 서로 짝짓기를 해 자손을 낳을 수 있다. 한 개체군 안에서 나타나는 각 개체들의 차이는 유전자에 무작위로 돌연변이가 일어나는 유전적 변이 때문에 생길 수도 있다. 이런 유전적 변이를 대립 형질이라고 한다. 한 개체군의 내부에서, 그리고 여러 개체군 사이에서 서로 다른 대립 형질이 나타나는 빈도수를 파악하면 해당 개체군이 진화해온 과정을 알 수 있다. 대립 형질이 나타나는 빈도는 주로 네 가지 이유 때문에 바뀐다. 생존하는 데 유리한 형질은 늘리고 불리한 형질은 줄이는 선택이 작용한다는 것도 그 한 가지 이유이다. 또한 생존하는 데 특별히 유리한 점이 없는 대립 형질을 무작위로 바꾸는 유전자 부동(genetic drift)도 대립 형질이 출현하는 빈도수를 무작위로 바꾸는데, 유전자 부동은 규모가 작은 개체군에 훨씬 큰 영향을 미친다. 개체군에 새로운 대립 형질을 도입하는 이주 역시 대립 형질의 발현 빈도를 바꾼다. 이 과정은 유전자 흐름(gene flow)이라고 알려져 있다. 세포를 복제할 때 '실수'로 DNA 암호가 바뀌는 돌연변이도 대립 형질이 발현되는 빈도를 바꾼다. 개체군 유전학자들은 비교적 흔한 유전병이 계속 존재하는 이유를 밝히는 데서부터 실질적으로 그런 유전병이 지속되는 전략에 이르기까지 다양하고 이질적인 문제 다루면서, 이런 기본 원칙들이 어떤 식으로 복잡하게 상호작용하며, 개별적 개체들은 그런 원칙들에 어떤 영향을 미치는지를 연구한다.

관련 주제
멘델의 유전
41쪽

3초 인물 소개

세웰 G. 라이트
1889~1988
수학 이론을 활용해 유전자 부동이라는 개념을 확립한 미국 유전학자.

로널드 A. 피셔
1890~1962
개체군 유전학에 수학 기술을 도입한 선구적인 영국 진화생물학자.

J. B. S. 홀데인
1892~1964
자연선택의 법칙을 수학적으로 규정한 영국 태생 과학자.

개체군 유전학자들은 집단(개체군) 내부에서 일어나는 유전자의 돌연변이 때문에 생기는 형질 변화를 분석해 생물의 진화사에서 나타나는 변화를 연구한다.

30초 저자
티파니 테일러

3초 분석
선택, 부동, 이주, 돌연변이는 대립 형질이 나타나는 빈도를 바꾼다. 형질의 발현 빈도수를 바꾸는 이런 기본적인 원리들을 이해하면 시간이 흐르고 진화하는 동안 그 개체군이 어떤 변화를 경험했는지를 알 수 있다.

3분 정리
겸상 적혈구 유전자는 아프리카 일부 지역에서 상당히 자주 발병하는 겸상 적혈구 빈혈증을 유발한다. 이 유전자가 발현하는 대립 형질은 생물이 환경에 적응하는 데 불리하게 작용하므로 이론대로라면 자연선택에 의해 개체군에서 제거되어 점차 소멸해야 한다. 그런데도 왜 이 유전자는 사라지지 않고 살아남았을까? 그 이유는 빈혈만 발현되지 않는다면 겸상 적혈구 유전자를 가진 사람이 말라리아에 더 큰 내성을 보이기 때문이다. 말라리아가 자주 발병하는 지역에서는 개체군이 겸상 적혈구 유전자를 많이 보유하는 쪽으로 자연선택이 일어났다.

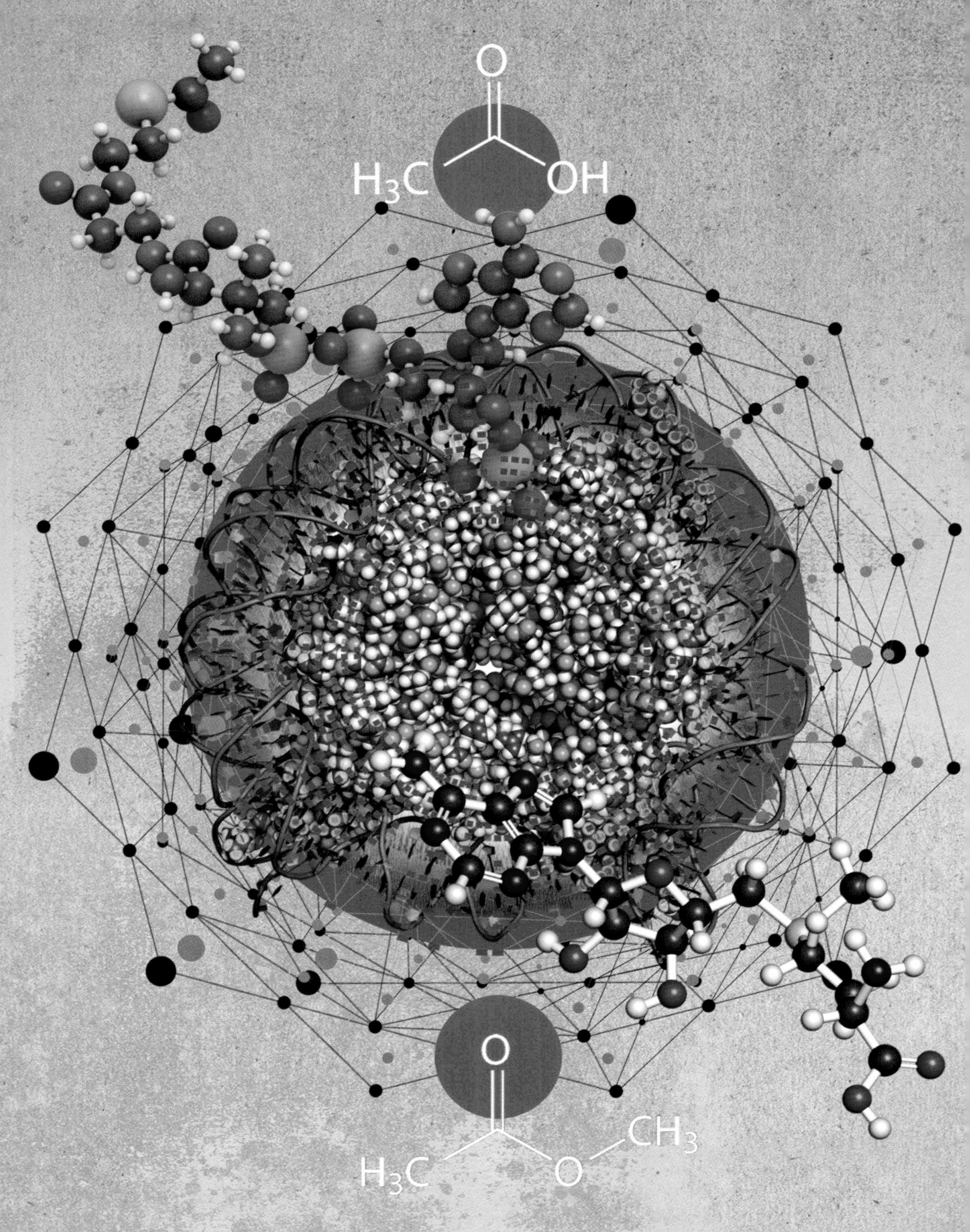
O
H_3C
OH
O
CH_3
H_3C
O

후성유전학

EPIGENETICS

사람의 몸을 구성하는 세포에는 모두 동일한 DNA가 들어 있다. 그런데도 심장 세포가 하는 일은 신장 세포가 하는 일과는 완전히 다르다. 그 이유는 각 세포가 처한 주변 환경이 보내오는 신호가 각 세포에 들어 있는 유전자를 다른 식으로 활성하도록 스위치를 켜거나 끄기 때문이다. 후성유전학은 유전적으로 동일한 세포들이 서로 다른 유전자를 활성하는 이유를 연구하는 학문이다. 후성유전학에 따르면 세포가 유전자 발현을 조절하는 방법은 세 가지가 있다(그 세 가지는 DNA 메틸화, 히스톤 변형(histone modification), RNA 관련 침묵화(RNA-associated silencing)이다). DNA 메틸화는 DNA의 특정 부위에 메틸기가 달라붙어 DNA의 구조를 바꿈으로써 단백질을 전사할 수도 없고 번역할 수도 없게 만든다. 히스톤 변형은 세포핵 안에서 DNA에 달라붙어 있는 히스톤 단백질의 특정 아미노산에 아세틸기나 메틸기가 붙어서 일어난다. 히스톤 단백질이 변형되면 전사 조절인자(transcriptional regulator)가 DNA에 접근하는 방식이 바뀌어 DNA의 많은 부분이 활성화되거나 비활성화된다. 마지막으로 RNA 관련 침묵화는 RNA가 유전자를 비활성화시키는 방법으로, 히스톤 변형이나 DNA 메틸화를 유도하거나 DNA를 더욱 단단하게 뭉치게 해 전사 조절인자와는 더는 상호작용할 수 없게 만든다. 이런 후성유전학적 방법은 정상적인 세포의 한 기능으로, 이 기능에 문제가 생기면 유전 질환이 발병할 수도 있다.

관련 주제

DNA, RNA, 단백질
39쪽

암
87쪽

3초 인물 소개

메리 프랜시스 라이언

1925~2014

X 염색체 비활성 현상을 발견한 영국 유전학자. 여성에게는 X 염색체가 두 개 있다. 두 염색체 모두 활성화됐을 때 생기는 문제를 막으려고 그 가운데 한 개는 비활성화되는데, 이를 X 염색체 비활성화 현상이라고 한다.

후성유전학적 변화는 뇌 세포는 뇌 세포답게, 간 세포는 간 세포답게 만들어주지만, 암 같은 질병을 유발하기도 한다.

30초 저자

티파니 테일러

3초 분석

틀린 그림 찾기! 유전자 발현에 관해서라면 DNA에 적힌 것 이상의 무언가가 있다고 하겠다!

3분 정리

1983년에 후성유전학과 암을 연결하는 고리를 발견했다. 대장암 환자에게서 떼어낸 조직은 건강한 사람의 대장 조직보다 메틸화가 덜 되어 있었다. 메틸화는 유전자의 스위치를 끄는 역할을 한다. 따라서 메틸화가 적게 되면 세포가 끊임없이 증식하고 결국 암으로 발전할 수 있다. 하지만 과도한 메틸화 역시 종양 생성을 억제하는 유전자를 교란한다. 결국 중요한 것은 적당한 메틸화이다.

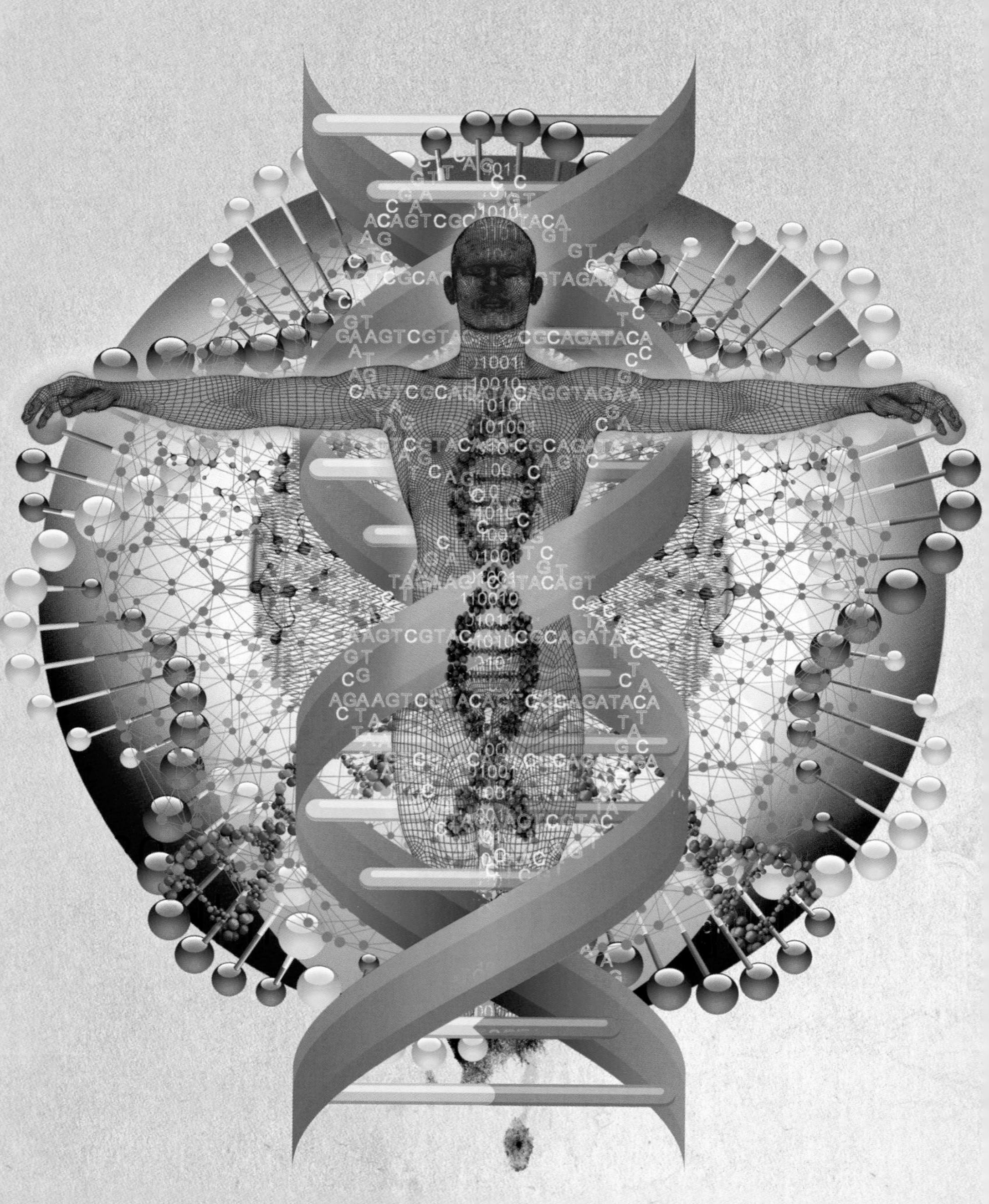

게놈학과 여러 학문들

GENOMICS & OTHER 'OMICS

30초 저자
티파니 테일러

게놈은 한 유기체에 들어 있는 전체 DNA를 가리키는 용어로, 한 개체가 어떻게 만들어지고 유지되어야 하는지에 관한 모든 정보를 제공한다. 게놈학은 게놈의 염기서열을 파악하고 게놈의 구조가 유기체의 기능에 어떤 작용을 하는지를 알고자 하는 유전학의 한 분과 학문이다. 1970년대에 염기서열 분석 기술이 개발된 뒤로 엄청난 데이터가 쌓였다. 이 글을 쓰고 있는 현재 1만 3,036개체의 게놈 염기서열이 밝혀져 있으며, 그 자료는 누구나 무료로 열람할 수 있다. 그런데 자료가 쌓이는 속도가 너무 빨라서 사람이 이해할 수 있는 범위를 초과하는 자료가 쌓이고 있으며, 그런 불균형은 오믹스(omics) 혁명을 이끌었다. '~학(學)'이라고 번역할 수 있는 오믹스는 게놈학이나 단백질체학(proteomics, 게놈이 발현하는 모든 단백질을 하나의 전체로 보고 연구하는 학문), 대사체학(metabolomics, 유기체가 만드는 모든 화학물질을 연구하는 학문)처럼 생물의 구조물이 전체로서 어떤 기능을 하는지를 밝히려는 학문에 붙을 수 있는 접미사이다. 비교적 새롭지만 상당히 생산성이 높은 이런 학문들이 생겨난다는 것은 유전자와 유전자가 만들어내는 생산물의 양적 효과를 바탕으로 전체 유기체를 이해하려는 방향으로 과학계의 관점이 변하고 있음을 의미한다. 이전에는 유전자를 별개의 단위로 생각했지만 이제는 전체 생물계를 분자 단계에서 분석할 수 있는 기술이 개발됐다.

관련 주제
DNA, RNA, 단백질
39쪽

3초 인물 소개

프레더릭 생어
1918~2013
인슐린의 구조를 밝히고 DNA 염기서열 분석법을 개발한 영국 생화학자.

윌리엄 제임스 (짐) 켄트
1960~
경쟁 기업보다 먼저 사람의 유전자 조각을 모아 게놈의 염기서열을 완성할 수 있도록 인간 게놈 프로젝트의 기금을 공개적으로 마련할 수 있는 컴퓨터 프로그램을 만들고, 모든 사람이 게놈 자료를 무료로 검색할 수 있게 한 미국 과학자.

3초 분석
사람의 게놈은 30억 개의 염기로 이루어져 있지만 그 염기들이 의미하는 바를 밝혀내기 전까지는 그저 마구 뒤섞여 있는 잡동사니일 뿐이다.

3분 정리
DNA 염기서열을 값싸고 쉽게 분석할 수 있게 되면서 기껏 얻은 자료를 정확하게 분석하기도 전에 처리도 할 수 없을 정도로 많은 자료가 쌓이고 있다. 자료가 너무나도 엄청난 속도로 축적되고 있기 때문에 생물학은 풍성한 자료에 적응할 시간이 부족했다. 자료를 좀 더 효율적으로 조직하고 효과적으로 처리하려면 월등하게 뛰어난 컴퓨터 전산 처리 능력이 필요하다. 컴퓨터를 운영하는 데 들어가는 비용은 현재 생물학 연구의 목을 죄는 병목 현상으로 작용하고 있다.

사람의 게놈은
그곳에 적힌 내용을 제대로 따라하기만 한다면
한 사람을 만들 수 있는 설계도이다.

1936년
이집트 카이로에서 아치볼드 해밀턴과 베티나 해밀턴의 아들로 태어나다

1960년
케임브리지 세인트존스 칼리지에서 유전학으로 학위를 받다

1968년
런던 경제대학교와 런던 유니버시티 칼리지에서 박사 학위를 받다

1964~1977년
런던 임페리얼 칼리지에서 유전학을 강의하다

1964년
독창적인 논문 「사회 행동의 유전적 진화(The Genetical Evolution of Social Behaviour)」를 발표하다

1967년
크리스틴 프리스와 결혼해 세 딸을 낳았지만, 프리스와는 이혼하다

1978~1984년
미시건 대학교 교수로 부임하다

1980년
런던 왕립학회 회원으로 선출되다

1984년
영국으로 돌아와 옥스퍼드 뉴칼리지 대학교에 부임했고, 왕립 학회 연구 교수로 임명되다

1988년
런던 왕립 학회에서 수여하는 다윈 메달을 받다

1994년
파트너 (마리아) 루이자 보치를 만나다

2000년
미들섹스 병원에서 사망

빌 해밀턴

빌 해밀턴(Bill Hamilton, 1936~2000)은 수학자이자 이론 생물학자로 알려져 있지만 탁월한 자연사학자이기도 하다. 해밀턴은 아주 어렸을 때부터 자연사라는 주제에 매혹됐음이 분명하다. 그는 시간이 남을 때면 언제나 나비 같은 곤충을 채집하러 다녔다. 해밀턴의 부모님은 아들에게 콜린스 출판사에서 새로 펴낸 자연사 전집 가운데 한 권인 E. B. 포드의 『나비(Butterflies)』를 사주셨는데, 그 책에서 처음 배운 자연선택 · 유전학 · 개체군 유전학 같은 기초 과학 지식들은 훗날 해밀턴이 나가야 할 학문의 방향을 결정해주었을 것이다. 『나비』를 읽은 뒤에 해밀턴은 부모님에게 학교에서 상을 받은 기념으로 다윈의 『종의 기원』을 사달라고 부탁했다.

하지만 해밀턴이 다윈의 자연선택설과 개체군 유전학을 한데 합칠 생각을 하게 된 것은 케임브리지 대학교 학부 시절에 로널드 피셔의 『자연선택의 유전적 이론(The Genetical Theory of Natural Selection)』을 읽었기 때문이다. 피셔와 J. B. S. 홀데인은 자연에서는 다른 개체를 돕는 행동이 많이 나타나는데, 다윈도 언급했듯이 자연은 환경에 가장 잘 적응한 개체를 선택한다는 사실을 생각해보면 그런 행동이 진화한 것은 모순임을 깨달았다. 이 같은 모순은 해밀턴의 관심을 끌었고, 훗날 혈연선택과 포괄적응도라는 아주 중요한 두 개념을 고민하는 원동력이 되었다.

협동은 생명체가 지녀야 할 중요한 자질로 모든 단계 생물에게 나타나는 특성이다. 유전자는 협동해서 게놈을 형성하고, 세포는 협동해서 유기체를 만들고 개인은 협동해서 사회를 만든다. 해밀턴은 세월 라이트가 발전시킨 정리를 차용해 협동이 진화하고 유지되는 이유를 설명하는 우아한 이론 틀을 세웠다. 훗날 해밀턴의 법칙으로 불리게 된 이 이론 틀은 서로 상호작용하는 개체들 사이에 존재하는 유전적 근친도(genetic relatedness)가 개별 개체가 아닌 전체 개체들이 공유한 유전자 적응도를 어떤 식으로 결정하는지를 보여준다. 이러한 해밀턴의 통찰은 유전자를 중심에 둔 관점으로 진화를 볼 수 있게끔 이끌었는데, 해밀턴의 통찰은 훗날 리처드 도킨스가 『이기적 유전자』를 발표하면서 널리 알려졌다.

과학을 위해서라면 기꺼이 위험을 감수했던 해밀턴의 급진적인 많은 생각들은 처음에는 인정을 받지 못했지만, 시간이 흐르면서 많은 사람이 받아들였다. 후원자도 없고 연구비도 지원받지 못했던 해밀턴은 한동안 책상도 없이 공원이나 기차역에서 연구를 해야 했다. 그 때문에 자신의 정신이 온전한지에 의문을 갖게 된 해밀턴은 첫 논문집인 『유전자의 땅으로 가는 좁은 길(Narrow Roads of Gene Land)』에서 그런 의구심을 넌지시 비춘다.

63세에 HIV의 기원에 관심을 갖게 된 해밀턴은 콩고 민주공화국으로 현장 연구를 떠나지만, 집으로 돌아온 뒤에 곧바로 세상을 떠났다. 죽은 해밀턴의 사인은 말라리아 감염이었다.

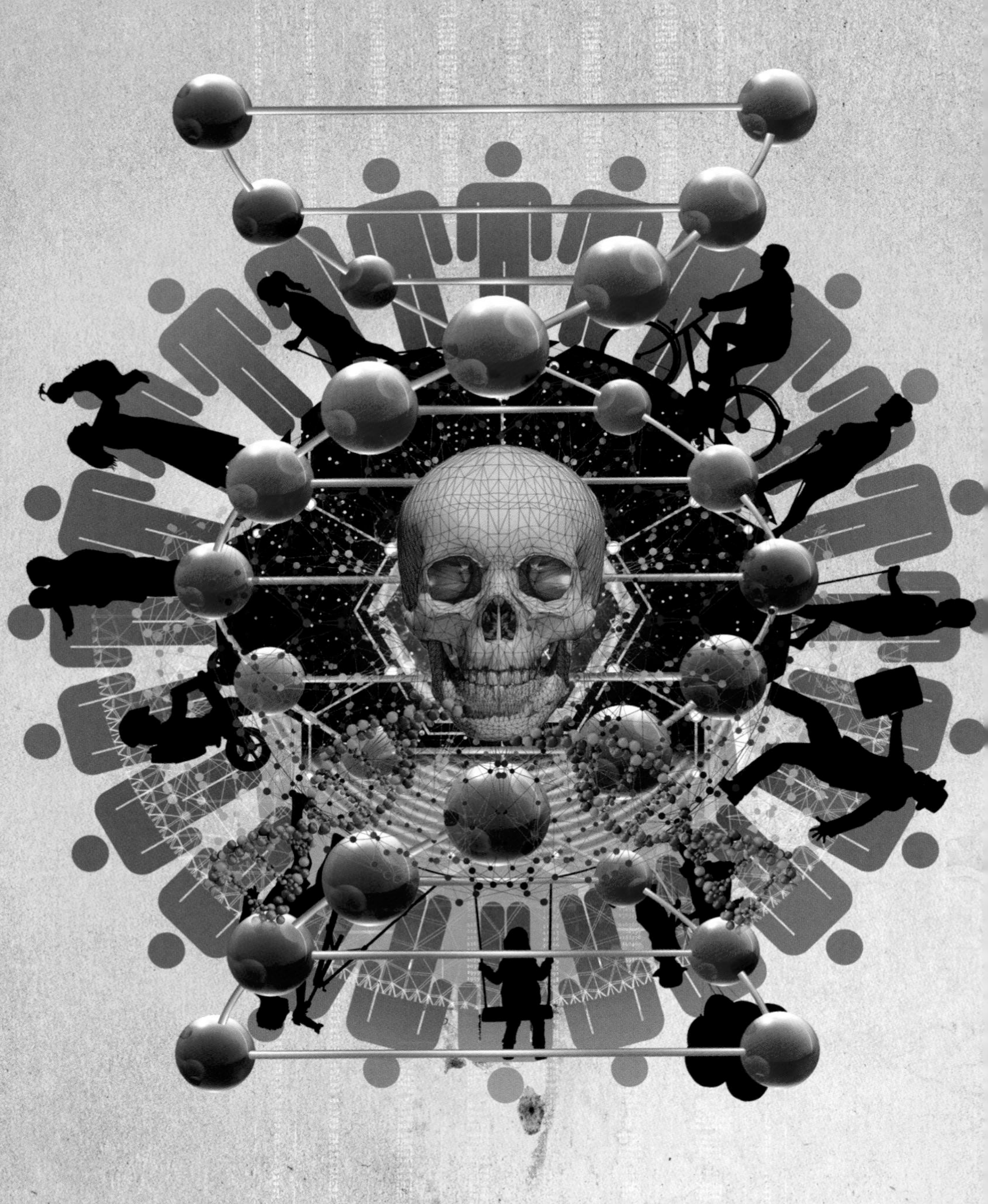

유전자 검사–논쟁거리

CONTROVERSY GENETIC SCREENING

30초 저자
마크 펠로우스

관련 주제
멘델의 유전
41쪽

3초 인물 소개
앤 보이치키
1973~
100만 명이 넘는 개인의 유전자형을 분석한 가장 영향력 있는 민간 게놈 연구 회사인 23andMe의 최고 경영인이자 공동 설립자.

최근까지만 해도 앞으로 발병할 수도 있는 병력을 예측한다는 과제는 전적으로 통계의 영역이었다. 나이, 신체 상태, 먹는 음식, 흡연, 음주 유무 등을 기존 인구 통계 자료와 비교해 장차 질병의 희생자가 될지도 모를 위험 정도를 예측할 수밖에 없었다. 하지만 이제는 그저 시험관에 침을 한 번 뱉어 유전자 검사 회사에 보내면 어떤 질병에 걸릴 가능성이 어느 정도나 있는지를 알 수 있다. 유전자형을 분석하는 방법은 여럿이지만, 민간 유전자 회사는 흔히 스닙스(snips)라 부르는 단일염기 다형성(Single Nucleotide Polymorphisms, SNPs)에 나타나는 변이를 가장 많이 살펴본다. 단일염기 다형성은 게놈의 어느 한 부분에 돌연변이가 일어난 것인데, 그런 돌연변이가 일어나면 특정 질병에 걸릴 확률이 높아지거나, 약에 반응하는 방식이 달라질 수 있다. 유전적 신체 특징, 심리 상태, 심지어 오래된 혈통도 단일염기 다형성에 영향을 받을 수 있다. 단일염기 다형성이 질병과 관계 있다는 증거는 계속 나오며, 앞으로는 단일염기 다형성을 인류의 미래를 이해하는 아주 강력한 도구로 활용할 수 있을 것이다. 그런데 우리가 어떻게 죽을지를 꼭 알아야 할까? 죽음을 유발하는 원인을 미리 알면 그런 위험 인자를 감소하는 쪽으로 행동 방식을 바꿀까, 이미 예정된 운명을 바꿀 방법은 없음을 깨닫고 비관주의자가 되거나 염세주의자가 될까? 사회적 측면에서 본다면 그보다 더 중요한 문제가 있다. 보험업자 · 연금사업자 · 연금회사 직원이 그 정보를 활용할 수 있도록 열람하는 것을 허락해야 하는가, 하는 문제 말이다.

유전자를 분석해 질병에 걸릴 가능성과 확률을 안다면 행복할까? 그런 정보는 한 개인이 살아가는 방식을 바꿀 것이다.

3초 분석
개인이 유전자를 검사할 수 있게 되면 건강관리에 혁신이 일어날 것이다. 그 같은 혁신은 분명히 의학적으로는 도움이 되겠지만 사회적으로는 어떨까? 그 결과는 누구도 장담할 수 없다.

3분 정리
개인의 유전 정보를 검색했을 때 발생할 수 있는 결과도 고려해야 할 문제이지만, 앞으로 그런 정보를 어떤 식으로 사용하게 할 것인지, 그 범위를 어느 정도까지 허용할 것인지도 쉽지 않은 문제이다. 개인의 유전 정보를 가지고 사람들을 일류와 이류로 나누는 사회가 도래할 수도 있다. 우생학을 바라보는 사회의 도덕성과 번개처럼 빠르게 변하는 기술이 창출해낼 가능성 사이에는 엄청나게 넓은 간극이 있다.

유전자부터 유기체까지 ◑

유전자부터 유기체까지
용어해설

감수 분열 한 세포가 자신의 염색체를 절반씩 가진 딸세포 네 개를 만드는 세포 분열 과정. 진핵생물이 생식세포를 만들 때 일어난다.

다분화능 모든 세포로 분화될 수 있는 세포의 능력.

대식세포 사람의 면역계 전역에서 찾을 수 있는 특별하게 분화된 세포. 손상되었거나 죽은 세포를 삼켜 분해한다.

DNA 자손에게 전달되는 유전 정보를 운반하는 분자로 'Deoxyribonucleic acid(디옥시리보핵산)'를 줄인 말이다. 모든 진핵생물과 원핵생물의 세포에 들어 있다.

림프구 사람의 면역 반응에서 중요한 역할을 하는 일종의 백혈구. 림프절, 비장, 편도, 혈관계에서 볼 수 있는 림프구는 감염된 부위를 중화하고 감염된 세포를 파괴하는 능력을 지닌 특수하게 분화된 면역세포이다.

병원체 박테리아나 바이러스 가운데 유기체의 질병을 일으키는 미생물.

복제 이미 존재하던 개체와 유전적으로 동일한 유기체나 세포를 만들어내는 무성 생식 과정. 복제는 자연 상태에서도 일어난다. 본질적으로 동물과 식물의 체세포는 모두 수정란이라는 단일 세포의 복제품이다. 실험실에서도 세포를 복제할 수 있다. 난자에서 핵을 제거하고 다른 체세포에서 추출한 핵을 이식하면 클론을 복제할 수 있다.

성장 인자 세포의 성장과 회복, 증식을 자극하는 천연 물질. 몇몇 호르몬과 단백질도 성장 인자이다.

RNA 살아 있는 세포에서 단백질 합성에 아주 중요한 역할을 하는 리보핵산 분자. DNA가 아니라 RNA가 유전 정보를 전달하는 바이러스도 있다.

엡스타인바 바이러스 사람 헤르페스바이러스 4라고도 부르는 아주 흔한 바이러스로 전염성 단핵증(선열)을 일으키는 병원체로 알려져 있다. 호지킨 림프종(혈관 세포에 생기는 종양) 같은 여러 암과도 관련이 있다. 발견자인 미카엘 A 엡스타인과 이본 바의 이름을 따서 명명했다.

염색체 유전 정보를 운반하는 유전자들이 모여서 만든 실처럼 가는 생체 구조물. 진핵세포의 세포핵 속에 들어 있다(진핵세포의 세포핵에는 뚜렷하게 구별되는 핵막이 있다). 염색체는 주로 DNA로 이루어져 있지만 RNA와 단백질도 들어 있다. 뚜렷한 핵막이 없는 원핵세포에는 오직 DNA로만 이루어진 단 한 개의 염색체가 있다.

예방 접종 면역계가 질병을 막아낼 수 있도록 백신을 접종하는 일. 백신은 인체의 면역 반응을 유도한다.

인체 유두종 바이러스(HPV) 흔히 볼 수 있는 전염성이 아주 높은 바이러스. 사람의 피부와 항문, 생식기, 자궁경부, 입 같은 습한 부위에 영향을 미친다. 인체 유두종 바이러스는 100종류가 넘는데, 그 가운데 40종류가 생식기를 감염시킨다. 자궁경부암의 발병률을 높이는 원인균도 몇 종류 있는데, 현재 자궁경부암을 막는 백신이 개발되어 있다.

줄기세포 심장이나 척수 신경 같은 특별한 기능을 가진 세포로 분화될 수 있는 미분화된 세포.

체세포 분열 한 세포가 자신과 동일한 유전자를 가진 딸세포를 두 개 만드는 세포 분열 과정. 새로 만들어진 딸세포는 모세포와 염색체의 종류도 같고 기능도 같다.

항상성 생물계가 안정성을 유지하려고 시도하는 모든 과정. 예를 들어 유기체가 노화된 세포나 손상된 세포를 복구하는 과정인 체세포 분열도 항상성을 유지하려는 노력이다.

호르몬 분비샘에서 만들어 혈관을 따라 이동하면서 조직이나 기관에 있는 표적 세포의 행동이나 기능을 조절하는 동물의 신호전달 분자. 이자에서 만들어지고 간으로 이동한 뒤에 혈당량을 조절하는 일을 하는 인슐린도 호르몬이다. 천연 호르몬과 똑같은 기능을 하는 합성 호르몬도 만들 수 있다.

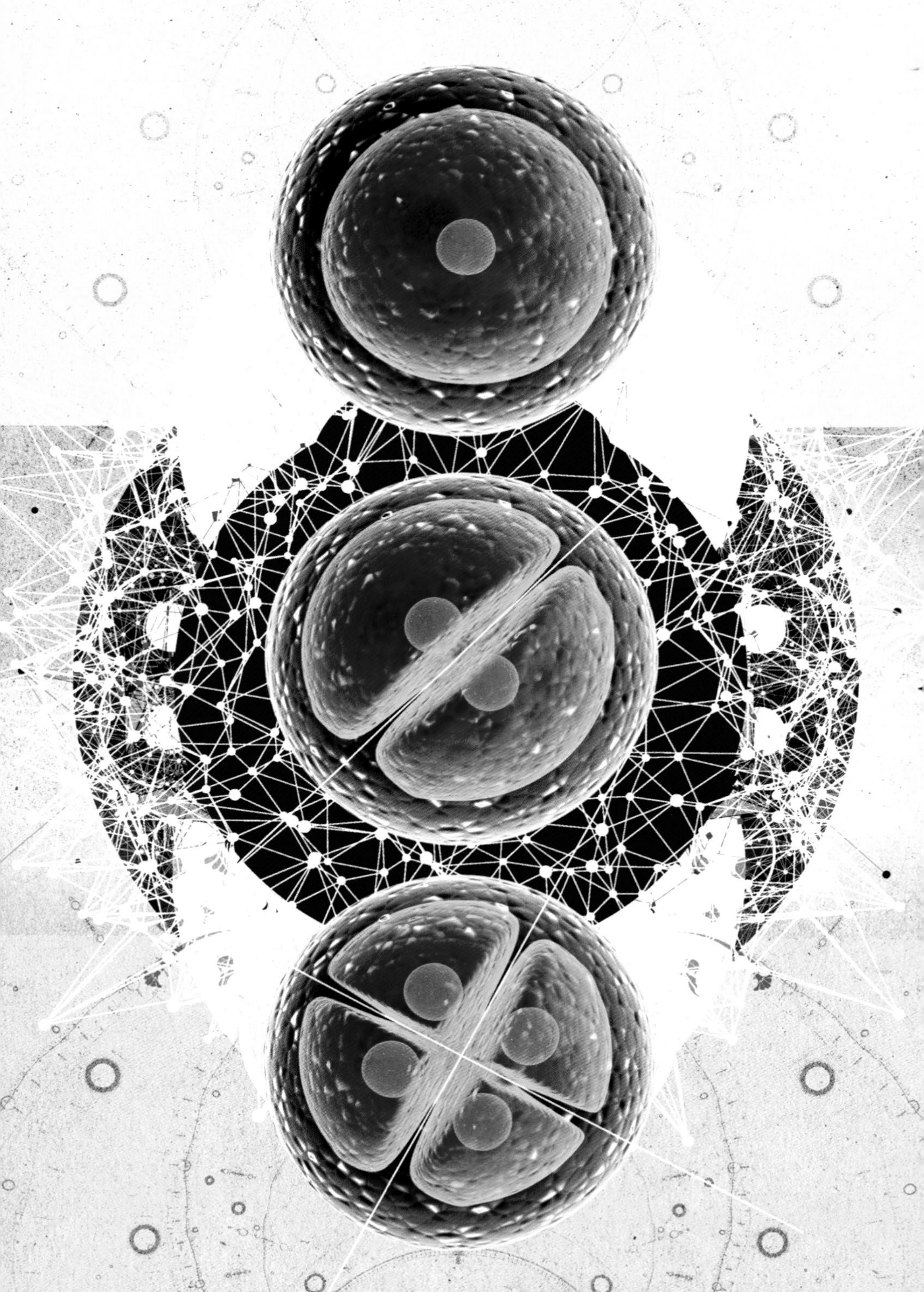

세포와 세포 분열

CELLS & CELL DIVISION

30초 저자
필 다시

생명체는 모두 기존에 있던 세포를 복제해서만 새로운 세포를 만들 수 있다. 세포 분열은 한 세포가 자기가 가진 내용물을 모두 복제한 뒤에 새로운 두 세포로 갈라지는 과정이다. 세포 분열은 세포 주기(cell cycle)라고 하는 엄격하게 통제된 일련의 순서대로 진행된다. 세포 주기의 첫 번째 단계는 세포가 가지고 있는 단백질과 세포 소기관을 모두 복제하면서 세포의 크기가 커지는 과정이다. 두 번째 단계는 세포가 가지고 있는 염색체를 복제하는 과정이다. 염색체를 복제하면 세포는 단백질을 합성하면서 커진다. 그리고 마침내 염색체가 세포 양 끝으로 갈라지고 두 개의 딸세포로 나뉘는 마지막 과정이 시작된다. 두 개의 딸세포를 만드는 이런 세포 분열 과정을 체세포 분열이라고 하는데, 체세포 분열은 노화됐거나 손상된 세포를 교체하려고 유기체 몸 전체에서 1초당 수백 만 건의 횟수로 끊임없이 진행되고 있다. 감수 분열이라고 하는 세포 분열 형태도 있다. 감수 분열은 진핵생물이 생식세포를 만드는 방법이다. 감수 분열이 끝나면 딸세포(난자나 정자)는 모세포가 가지고 있던 염색체의 절반만을 갖게 되기 때문에 난자와 정자가 만나 만들어진 수정란에는 각 부모에게서 받은 염색체가 절반씩 들어 있게 된다.

관련 주제

세포의 의사소통
59쪽

암
87쪽

세포의 노화와 죽음
109쪽

3초 인물 소개

리랜드 하트웰
1939~
세포가 분열할 때 매 과정마다 검토 과정이 일어난다는 개념을 처음 제시했고, 세포 주기의 첫 번째 단계를 조절하는 유전자를 발견한 미국 세포생물학자.

팀 헌트
1943~
세포 주기를 조절하는 데 있어 반드시 필요한 사이클린(cyclin) 단백질을 발견한 영국 생화학자.

3초 분석
체세포 분열은 개체가 성장하고 발생하고 항상성을 유지하고 손상 부위를 고치는 데 필요하고 감수 분열은 생식세포를 만드는 데 필요하다.

3분 정리
조금만 잘못되어도 세포가 제 기능을 발휘하지 못하거나 암 같은 질병이 생길 수 있기 때문에 세포 분열은 사실 아주 위험한 작업이다. 그렇기 때문에 세포 주기의 각 단계마다 철저하게 점검하는 검토 과정(checkpoint)이 필요하다. 세포는 DNA가 모두 제대로 복제되었는지, 염색체가 제대로 나뉘었는지, 세포 분열 환경이 적절한지를 점검해야 한다. 만약 한 가지라도 제대로 검열을 통과하지 못하면 세포는 분열을 멈춘다.

건강한 유기체에서는 한 세포가 동일한 유전자를 가진 두 개의 딸세포로 분열하는 체세포 분열이 멈추지 않고 일어난다.

세포의 의사소통

SODIUM(NATRIUM)

30초 저자
필 다시

단세포 유기체가 되었건 다세포 유기체의 조직을 구성하는 세포가 되었건 간에 세포는 외부 환경에서 오는 무수히 많은 신호를 끊임없이 받아들인다. 세포가 받아들이는 신호는 영양소나 산소 수치를 비롯해 외부 환경의 특징을 알려주는 정보이다. 다세포 유기체를 구성하는 세포들은 다른 세포들과 손발을 맞춰가며 지내야 하는데, 세포가 다른 세포와 조화롭게 살아가게 하는 수단이 바로 호르몬이나 성장 인자 같은 생체 분자들이다. 예를 들어 혈당 수치가 높아지면 이자(췌장) 세포는 인슐린이라는 호르몬을 분비해 다른 세포들이 혈액에 녹아 있는 혈당을 제거하게 만든다. 세포를 분열하게 하거나 이동하게 하거나 죽게 하거나 세포의 기능을 바꾸게 만드는 신호도 있다. 이런 신호는 표적 세포의 표면에서 특별한 분자를 감지하는 수용체가 받아들인다. 특별한 신호 물질에만 반응하는 수용체 덕분에 세포는 끊임없이 주변 환경을 탐색할 수 있다. 신호가 수용체와 결합하면 세포 내부에서는 신호 전달(signal transduction)이라고 하는 일련의 반응이 일어나고 세포는 신호가 유도하는 적절한 행동을 하게 된다. 포유류에는 상피세포 성장 인자(epidermal growth factor, EGF)라는 신호 전달 물질이 있는데, 이 인자가 수용체와 결합하면 세포 분열을 유도하는 효과가 분비되고, 세포 분열이 시작된다.

관련 주제

세포와 세포 분열
57쪽

면역
63쪽

암
87쪽

3초 인물 소개

얼 W. 서덜랜드
1915~1974
호르몬은 표적 세포 안에 있는 효소를 활성화함으로써 2차 전달자라고 부르는 추가 신호 전달 물질을 생산하게 만든다는 사실을 밝힌 미국 생화학자.

마틴 로드벨
1925~1998

앨프리드 길먼
1941~
세포 안에서 신호를 전달하려면 G단백질이 반드시 있어야 한다는 사실을 밝힌 미국 생화학자들.

3초 분석

모든 다세포 유기체의 세포들은 자신들이 무엇을 해야 하는지 귀 기울여 들어야 하고, 수용체라고 하는 세포 표면에 있는 분자가 받아들일 신호를 서로에게 보내야 한다.

3분 정리

세포들이 의사소통을 제대로 하지 못하면 다양한 질병이 생길 수 있기 때문에 세포들끼리의 의사소통은 아주 중요하다. 세포들이 제대로 의사소통하지 못했을 때 발병하는 대표적인 질환이 바로 암이다. 암세포는 증식하지 말고 일단 기다리라는 다른 세포들의 신호에 귀를 기울이지 않기 때문에 계속해서 증식해나간다. 수용체가 돌연변이를 일으키면 세포 분열을 하라는 적절한 신호가 없는 데도 계속해서 세포 분열을 할 수도 있다.

세포는 자신이 분열해야 할 시기를 어떻게 알 수 있을까?
세포는 표면에 있는 수용체 분자가 명령을 받으면 분열하기 시작한다.

1936년
독일 겔젠키르헨 부어에서 출생

1960년
뒤셀도르프 대학교에서 의학 박사 학위를 받다

1966년
필라델피아 어린이 병원 바이러스 연구소에서 일하기 시작하다

1969년
뷔르츠부르크 대학교 바이러스학과 교수가 되다

1972년
에를랑겐-뉘른베르크 대학교 교수로 부임하다

1977년
프라이부르크 대학교 바이러스학 및 위생학과 학장으로 취임하다

1983년
자궁경부암 종양에서 처음으로 인체 유두종 바이러스의 DNA를 찾아내다

1983년
독일 암 연구센터 과학 소장으로 임명되다

2004년
독일 연방공화국 중급 훈작 공로 훈장을 받다

2008년
노벨 생리의학상을 받다

하랄트 추어 하우젠

노벨상을 수상한 하랄트 추어 하우젠(Harald zur Hausen, 1936~)은 인체 유두종 바이러스(HPV)가 암으로 발전하는 종양과 인과 관계가 있음을 밝힘으로써 자궁경부암에 관한 기존 지식을 바꾸었다.

어린 시절에 제2차 세계 대전을 경험한 추어 하우젠은 제대로 교육을 받을 수 없었지만, 결국 본 대학교에서 생물학과 의학을 공부하면서 의학도로서의 길을 걷기 시작했다. 학자가 되려고 함부르크와 뒤셀도르프에서 대학을 다니면서 추어 하우젠은 연구하는 삶을 살아야겠다는 마음을 먹었지만, 의학 박사 학위를 따려면 2년 동안 인턴 생활을 해야 했다. 인턴 과정을 끝낸 추어 하우젠은 뒤셀도르프 대학교 미생물 연구소에서 바이러스가 유도하는 염색체 변형 과정을 연구했다. 그 뒤로 추어 하우젠은 필라델피아 어린이 병원 바이러스 연구소로 옮겨가 바이러스 학자인 베르너와 게르트루데 헨레 부부와 함께 연구했다. 세 사람은 엡슈타인바 바이러스가 세포에 미치는 영향을 연구했고, 바이러스가 건강한 세포를 암세포로 바꿀 수 있음을 세계 최초로 분명하게 밝혔다.

40대 초반에 추어 하우젠은 프라이부르크 대학교에서 루츠 글리스만과 함께 바이러스 학과를 이끌었으며, 생식기사마귀에서 인체 유두종 바이러스를 검출해냈다. 또 다른 동료이자 뒤에 결혼을 하게 되는 에텔 미켈레 데 필리어스(Ethel Michele de Villiers)와는 생식기사마귀 세포를 가지고 인체 유두종 6 바이러스를 복제해, 바이러스가 암세포를 유도하는 방법을 연구할 수 있는 DNA 지문 기술을 확립했다. 이 연구는 1983년과 1984년에 절정에 달했고, 추어 하우젠 연구팀은 자궁경부암 종양에서 인체 유두종 바이러스 균주의 DNA(HVP16과 HVP18)를 두 개 더 발견했다. 이로서 인체 유두종 바이러스가 자궁경부암을 일으키는 주요 원인임이 밝혀졌다.

자궁경부암을 일으키는 원인으로 지목된 범인은 인체 유두종 바이러스만이 아니었기 때문에 한동안 추어 하우젠의 주장은 논란을 불러일으켰지만, 더 많은 자료가 쌓이면서 추어 하우젠의 주장이 옳았음이 입증되었다. 추어 하우젠의 연구에 힘입어 2006년부터 젊은 여성들은 HPV 백신을 접종하기 시작했고, 그 뒤로 자궁경부암의 발병률은 크게 감소했다. 추어 하우젠은 에이즈에서 HIV 바이러스가 하는 역할을 밝힌 과학자들과 함께 '자궁경부암에 영향을 미치는 인체 유두종 바이러스를 발견한 공로'로 노벨상을 수상했다. 노벨상 심사위원 가운데 한 명이 HPV 백신을 만드는 제약 회사의 임원이었다는 우려도 있지만, 그 사실이 추어 하우젠의 노벨상 수상 결정에 영향을 미쳤다는 증거는 없으며, 과학자들은 대부분 추어 하우젠이 노벨상을 받을 만 한 업적을 세웠다고 생각한다.

면역

IMMUNITY

다세포 생물의 면역계는 해로운 미생물을 막는다. 면역은 피부처럼 병원체의 침입을 막는 물리 장벽으로 시작한다. 병원체가 인체의 물리 장벽을 뚫고 들어오면 면역계는 제대로 작동하기 시작한다. 일반적으로 면역계는 먼저 대식세포라고 하는 특수하게 분화된 세포를 앞세워 병원체에 대응한다. 대식세포들은 몸 전체를 돌아다니는데, 대식세포의 표면에는 박테리아의 단백질과 바이러스의 유전 물질을 감지하는 특별한 수용체가 있다. 그런 이물질을 감지하면 대식세포는 그 즉시 감지한 이물질을 삼켜 소화시켜버린다. 대식세포만으로는 감염을 완전히 막기가 쉽지 않지만, 대식세포는 면역계의 다른 전사들이 활동을 시작하기 전까지 병원체가 확산되지 않도록 막는 역할을 한다. 대식세포가 신호를 보내 면역계에 병원체가 침입했음을 알리면 호중구(neutrophil) 같은 면역세포들이 감염 부위로 몰려든다. 호중구는 항미생물 물질을 방출하는 동시에 염증 반응을 일으키기 때문에 더 많은 면역 반응을 유도한다. 대식세포와 호중구가 관여하는 면역 반응은 모든 동물의 면역계에서 볼 수 있지만 림프구라고 하는 특수하게 분화된 면역세포가 수행하는 면역 반응은 척추동물에서만 볼 수 있다. 바이러스에 감염된 세포를 파괴하는 림프구도 있다.

관련 주제

생명의 기원–바이러스
17쪽

박테리아
21쪽

세포의 의사소통
59쪽

3초 인물 소개

도네가와 스스무
1939~
유전자를 기반으로 항체 다양성을 밝힌 일본 분자 생물학자.

율레스 A. 호프만
1941~
면역세포가 병원체를 발견하는 방법을 밝힌 프랑스 면역학자.

브루스 A. 보이틀러
1957~
포유류의 면역계가 미생물을 감지하는 방법을 밝힌 미국 면역학자.

30초 저자
필 다시

3초 분석
대식세포나 림프구처럼 특수하게 분화된 세포들로 이루어진 면역계는 병원체가 될 수 있는 외부 물질을 감지하고 파괴하는 생화학 무기를 생산할 수 있다.

3분 정리
일부 림프구는 특별한 병원체를 알아보는 능력을 지니고 있다. 이런 림프구는 감염에 반응해 그 수를 늘리기까지 며칠이라는 시간이 걸릴 때가 많지만, 일단 병원체를 물리친 뒤에는 많은 수가 기억 세포로 남아 있다가 나중에 동일한 병원체가 다시 침입하면 즉시 반응한다. 백신 예방 접종은 면역계가 병원체를 기억한다는 원리를 활용한다.

면역계는 해로운 침입자에 대항하는 특수하게 분화된 세포들을 퍼트린다.

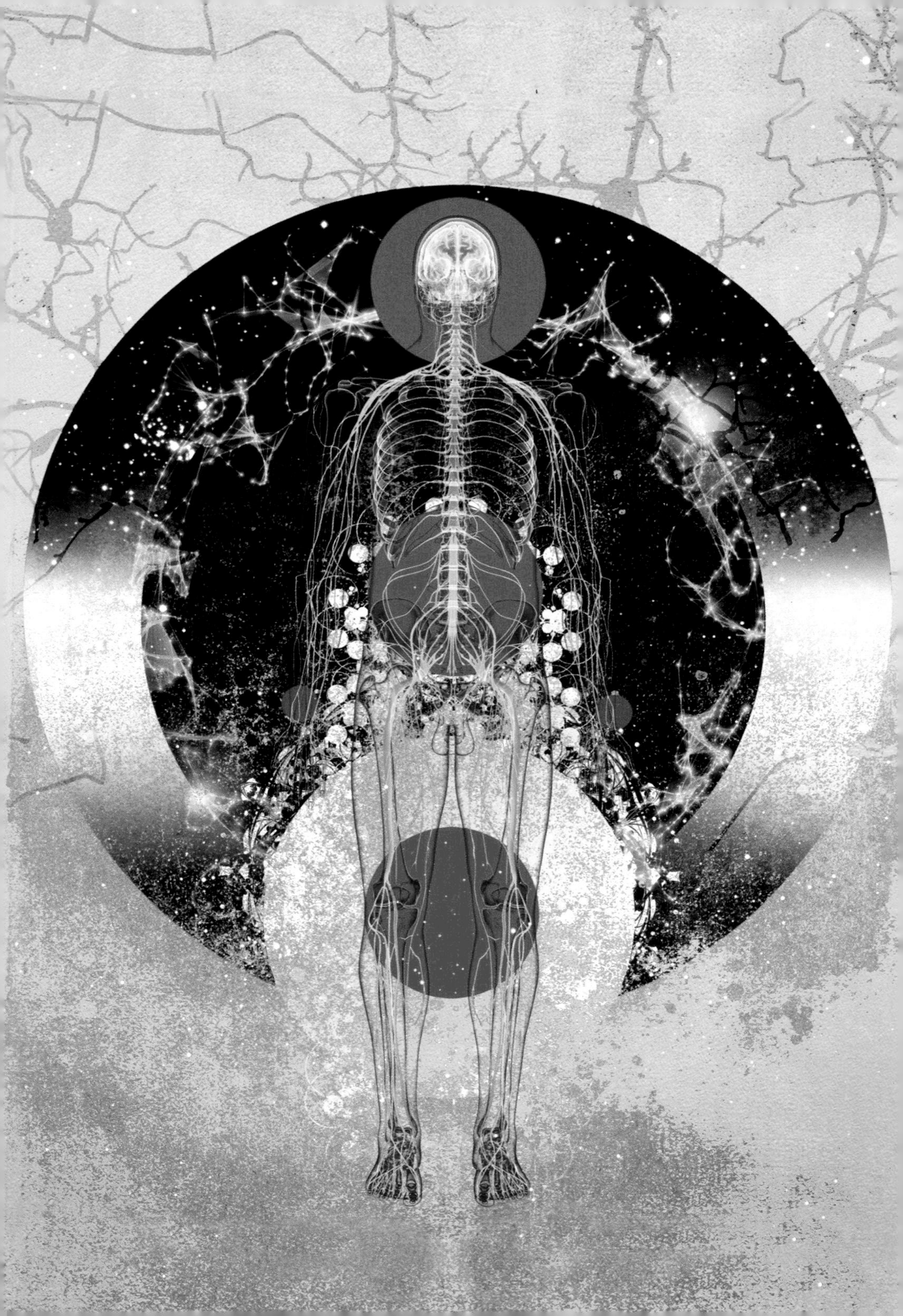

뉴런

NEURONS

30초 저자

헨리 지

뉴런은 감각 기관과 뇌, 다른 여러 기관이 주고받는 정보를 전달하는 특수하게 분화된 세포이다. 전기 자극의 형태로 이동하는 정보는 '시냅스'라는 세포 사이에 존재하는 간극을 뛰어넘어 다른 세포로 이동한다. 최근 몇 년 동안 과학자들은 시냅스의 기능을 상당히 많이 밝혔다. 뉴런은 신호가 작지만 생명 활동에 꼭 필요한 시냅스를 빠른 속도로 건너갈 수 있도록 많은 세포에서 관찰할 수 있는 방법을 채택했다. 세포가 주고받는 신호는 전기 신호의 형태로 직접 이동하거나 신경전달물질이라는 화학물질의 중개를 받아 전달된다. 뉴런은 보통 감각 기관이나 다른 뉴런에서 보내온 신호를 가시처럼 생긴 돌기가 뾰족하게 튀어나와 있는 수상돌기(dendrite)로 받은 뒤에 길게 뻗어 있는 축삭돌기(axon)로 내려보낸다. 척수와 다리를 연결하는 뉴런은 길이가 1미터에 달한다. 뉴런은 다른 뉴런 세포와 지방으로 이루어진 절연 조직과 한데 뭉쳐 신경을 형성한다. 뇌와 척수를 합쳐 중추신경계(central nervous system)라고 한다. 중추신경계와 피부나 근육, 내부 기관에 퍼져 있는 말초신경계는 시냅스에서 서로 정보를 주고받는다. 자율신경계는 호흡이나 심장 박동처럼 무의식적으로 몸이 해야 하는 반응을 조절하는 중요한 신경계이다.

관련 주제

세포의 의사소통
59쪽

줄기세포
71쪽

3초 인물 소개

산티아고 라몬 이 카할
1852~1934
신경학자들을 가르칠 때 사용하는 뉴런 그림을 그린 스페인 생물학자.

3초 분석

뉴런은 뇌와 몸에 퍼져 있는 전기 배선을 만들어 다양한 신체 부위가 조화롭게 작동할 수 있게 한다.

3분 정리

세포는 대부분 세포막의 안과 밖에 형성되는 전위차(potential difference)에 반응한다. 살아 있는 모든 세포가 제대로 기능하려면 세포막의 안과 밖에 형성되는 전위차를 일정하게 유지하는 일이 아주 중요한 것처럼 보인다. 아주 단순한 단세포 유기체도 세포막의 전위차를 조절할 수 있어야지만 단순하게라도 자극에 반응할 수 있다. 신경계는 몸집이 큰 다세포 유기체에서 분업의 일환으로 발생했다. 다세포 생물에는 소화를 하거나 분비를 하거나 생식을 하는 쪽으로 분화된 세포들도 있지만, 아주 가늘고 길어지면서 전기 자극을 전달할 수 있는 뉴런으로 발전한 세포들도 있다.

중추신경계(뇌와 척수)는 전기 자극의 형태로 몸의 최말단 부분까지 신호를 보내고 받는다.

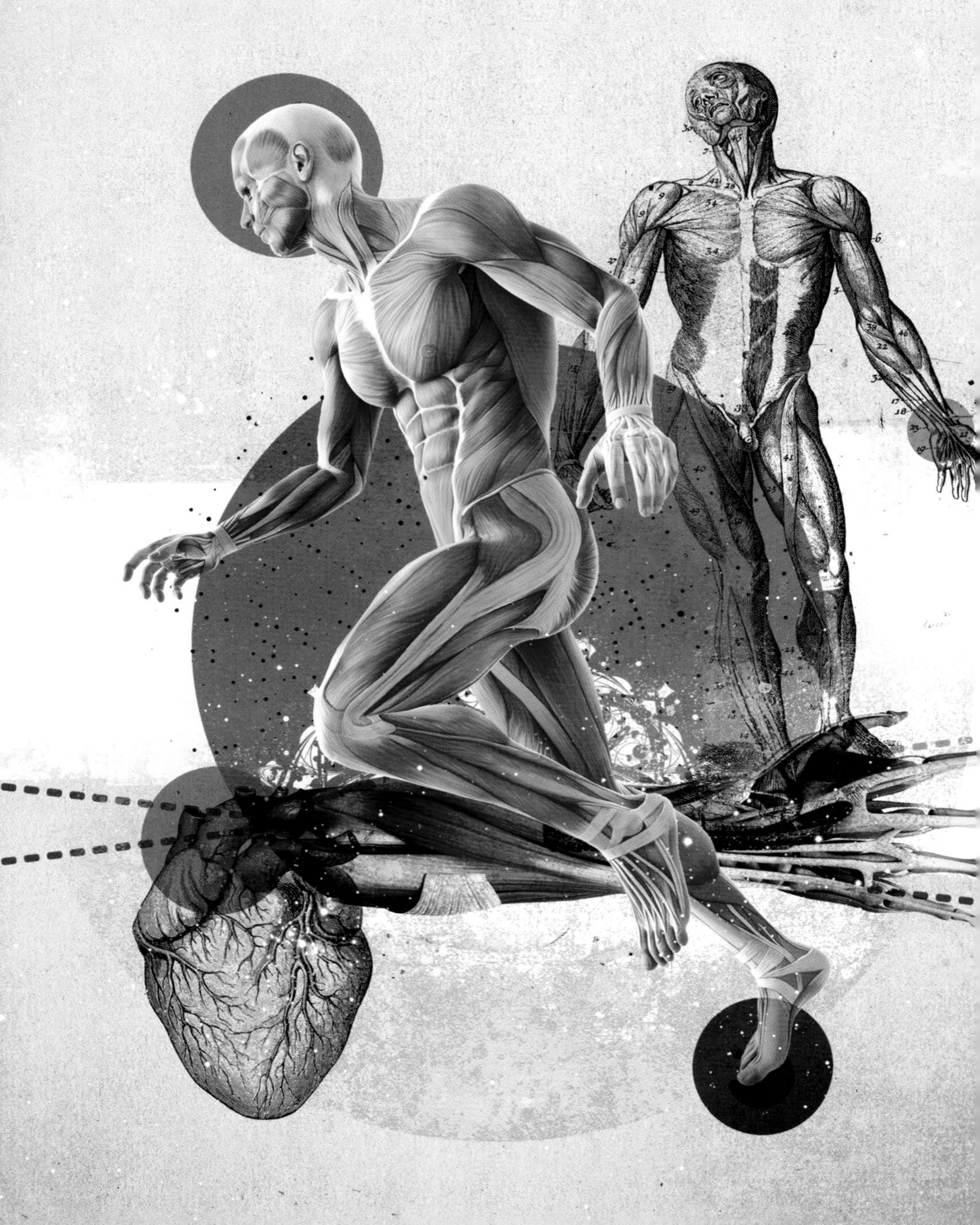

근육

MUSCLES

30초 저자

팀 리처드슨

근육은 사람이 걷고 물고기가 헤엄을 치고 새가 나는 등의 움직임과 관계가 있다. 1분에 60번 내지 70번 정도 박동하면서 다른 근육을 비롯한 온몸의 기관에 산소가 녹은 혈액을 공급하는 심장처럼 몸 안에서 일어나는 움직임도 근육과 관계가 있다. 몸을 움직이는 근육은 골격이라고 하는 뼈에 달라붙어 있기 때문에 '골격근'이라고 부른다. 골격근은 개별적인 근육세포 다발로 이루어져 있는데, 각 세포에는 근원섬유(myofibril)라고 하는 일렬로 늘어선 가느다란 단백질 섬유 다발이 들어 있다. 신경 자극을 받아 근육세포가 수축하면 근육에 붙어 있는 뼈에 힘이 가해져 몸이 움직이게 된다. 평활근(민무늬근)이라는 근육도 중요하다. 평활근은 골격에 붙어 있지 않고, 생식 기관이나 소화 기관 같은 내부 장기를 구성하는 근육이다. 평활근은 보통 단계적으로 수축해 잔잔한 파동처럼 움직인다. 몸에서 가장 강력한 근육은 포유류가 자손을 낳을 때 사용하는 자궁근이다. 육식동물에게 근육은 가장 중요한 단백질 공급원이고 우리 같은 잡식동물도 주로 다른 동물의 근육에서 살아가는 데 필요한 단백질을 얻는다. 불에 구운 골격근을 먹는다니, 저녁 식사를 하면서 그런 생각을 하는 사람은 거의 없을 테지만 말이다.

관련 주제

동물의 생식
81쪽
물질대사
103쪽
배설
107쪽

3초 인물 소개

H. E. 헉슬리
1924~2013
A. F. 헉슬리
1917~2012
근육에 관해 많은 것을 밝혀 신경생물학을 크게 도약하게 만든 아주 뛰어난 영국 생리학자들.

3초 분석

근육은 유기체 내부에서 화학에너지를 재빨리 운동에너지로 바꾼다.

3분 정리

사람의 몸에는 골격근이 약 650개 정도 있다. 근육세포 안에 들어 있는 근원섬유는 주로 액틴(actin)과 미오신(myosin)이라는 단백질로 이루어져 있다. 근육은 환경 속에서 동물이 돌아다닐 수 있게 해줄 뿐 아니라 눈을 움직이거나 초점을 맞추는 등, 감각을 사용해 주변을 평가할 수 있게 해준다. 흉부와 후두에 있는 근육은 소리와 언어를 생성하고 얼굴 근육은 감정을 만들고 소리가 아닌 표정으로 다른 개체에게 신호를 전달한다.

돌아다니는 일뿐 아니라 보고 말하고 웃고 얼굴을 찡그리고 음식물을 삼키고 소화하고, 온몸으로 혈액을 보낼 수 있는 것은 모두 근육 덕분이다.

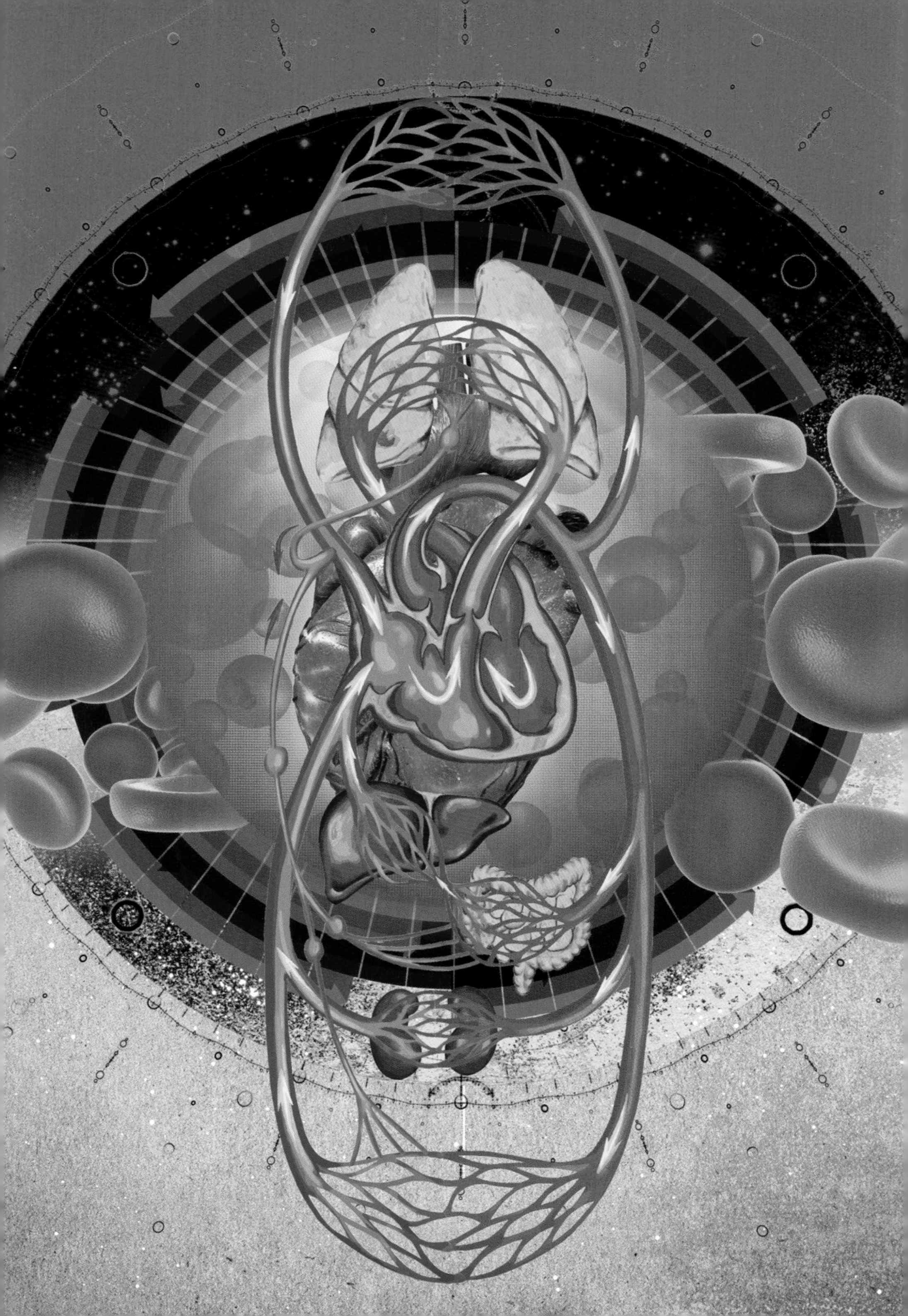

순환계

CIRCULATORY SYSTEM

30초 저자
조너선 기빈스

동물 세포는 끊임없이 외부에서 산소와 영양소를 공급 받아야 하고 노폐물을 밖으로 배출해야 한다. 많은 세포층으로 이루어진 복잡한 생물종은 세포에게 필요한 영양분을 공급하고 노폐물을 제거할 순환계라는 공급 체계를 만들었다. 순환계는 크게 세 가지로 구성되어 있다('많은 세포로 구성되어 있는 혈액'이라는 액체, '심장'이라는 펌프, '혈관'이라는 복잡한 회로망이 그 세 가지 구성 요소이다). 곤충류 · 거미류 · 갑각류의 순환계는 심장이 수축할 때면 혈림프(haemolymph)와 혈액 세포가 조직과 세포로 흘러들어가고 심장이 이완하면 다시 혈림프와 혈액 세포가 혈관으로 들어오는 개방혈관계이다. 척추동물의 혈액은 모두 혈관에 갇혀 있으며 심장이 뛸 때 높아지는 혈압 때문에 온몸을 순환할 수 있다. 포유류와 조류의 순환계는 이중으로 되어 있다(심장과 폐를 도는 순환계와 심장과 폐를 제외한 나머지 온몸을 도는 순환계가 있다). 폐를 도는 혈관 덕분에 포유류와 조류는 온몸을 돈 혈액이 심장으로 돌아오기 전에 폐로 가서 이산화탄소를 버리고 산소를 가져올 수 있다. 산소를 장착한 혈액은 심장으로 돌아와 동맥을 타고 다시 온몸으로 나간다. 동맥은 점점 더 작은 혈관(모세혈관)으로 나뉘면서 온몸에 존재하는 모든 조직에, 세포 하나하나에까지 산소를 공급할 수 있다. 온몸을 돈 혈액이 정맥을 타고 다시 심장으로 돌아오면 순환 과정은 다시 한 번 시작된다.

관련 주제

호흡
97쪽
물질대사
103쪽
영양
105쪽
배설
107쪽

3초 인물 소개
월리엄 하비
1578~1657
1628년에 사람의 순환계 구조를 밝힌 영국 의사.

이중순환계에서는 심장에서 나온 혈액이 폐로 가서 산소를 얻고 다시 심장으로 돌아와 동맥을 타고 온몸을 순환한 뒤에 정맥을 타고 다시 심장으로 돌아온다.

3초 분석
동물의 왕국 전역에서 볼 수 있는 순환계는 세포에 영양소와 산소를 공급 세포가 기능하면서 생성한 노폐물을 밖으로 버린다.

3분 정리
자연선택은 혈액 상실을 막아 순환계를 보호하는 방법을 개발했다. 상처를 입거나 파열된 혈관은 더 많은 피가 혈관 밖으로 흘러나가지 않도록 덩어리를 만들지만, 건강한 혈관은 혈액이 막히지 않고 흘러가게 한다. 혈관에 지방이 쌓여서 생기는 혈관 질환은 혈관에 덩어리를 만들어 심장마비나 뇌졸중을 일으킬 수 있다.

줄기세포–논쟁거리

CONTROVERSY STEM CELLS

30초 저자
닉 배티

줄기세포를 사용하면 손상된 심장 근육이나 파열된 신경세포 같은 망가진 조직을 치료할 수 있다. 줄기세포는 재생의료 분야에서 다양하게 쓰일 수 있는 재료이지만, 활용할 수 있는 줄기세포가 대부분 파괴된 사람의 배아에서 추출했다는 사실 때문에 엄청나게 논란이 되고 있기도 하다(줄기세포에는 모든 세포로 분화할 수 있는 능력이 있다). 줄기세포를 둘러싼 윤리 논쟁의 핵심은 바로 '배아를 사람으로 간주할 수 있는가?'이다. 한 사람을 해치는 일은 그 사람의 줄기세포로 다른 사람의 고통을 줄일 수 있다고 해도 분명히 잘못된 일이다. 따라서 배아가 사람이라면 배아의 줄기세포를 활용하는 일은 제한해야 한다. 그런데 사람임을 구분하는 기준을 신경세포의 유무로 판단한다면 발생 후 14일이 되는 배아는 신경이 아직 발달하지 않았기 때문에 사람으로 볼 수 없다. 종교도 이 문제를 보는 관점이 다르다. 배아가 사람이 될 수 있는 잠재력이 있음을 강조하는 종교도 있는 등, 종교마다 세운 기준이 다르다. 이 문제에 관해서는 법을 적용하는 기준도 모두 다르다. 영국에서는 오직 연구 목적으로만 배아를 사용할 수 있고 배아를 자궁에 이식하는 것은 불법인데, 이는 배아를 잠재적 사람으로 인정하지 않는다는 뜻이다. 과학자들은 배아에서 줄기세포를 추출하지 않고도 줄기세포를 인공적으로 배양해 연구하는 방법도 활용하고 있다. 지금은 배아를 사용해 윤리 문제를 야기하는 대신에 성인 세포에서 추출한 만능(다분화능) 줄기세포를 사용하기도 한다.

관련 주제

유전자 검사
51쪽
동물의 발생
79쪽
유전자 변형 생물
91쪽

3초 인물 소개

어니스트 맥컬럭
1926~2011
제임스 틸
1931~
1960년대 초반에 줄기세포가 존재한다는 사실을 입증하는 중요한 증거를 제시한 캐나다 과학자들.

제임스 톰슨
1958~
1998년 세계 최초로 사람 배아 줄기세포를 만들었고, 2007년에는 사람의 유도만능줄기세포를 얻었다.

3초 분석

줄기세포 사용이 논쟁을 불러일으키는 이유는 배아에서 추출하기 때문이다. 성체 세포에서 줄기세포를 추출할 수 있다면 이 문제는 쉽게 해결될 것이다.

3분 정리

재생의학에서 배아 줄기세포를 사용할 때는 줄기세포를 이식받은 사람의 면역계가 배아 줄기세포를 거부한다는 문제가 생길 수도 있다. 난자를 기증받아 핵을 제거하고 줄기세포를 기증받을 사람의 체세포에서 추출한 핵을 삽입한 복제 배아를 만드는 것도 이 문제를 해결하는 한 가지 방법일 수 있다(복제 배아와 줄기세포를 받을 수령자의 유전자는 동일할 테니 말이다).

***치유 능력.
만능줄기세포는
어떤 세포로든
분화할 수 있다.***

발생과 생식

발생과 생식
용어해설

광합성 녹색 식물이 물과 이산화탄소를 이용해 영양분(설탕과 녹말)과 산소를 합성하는 과정(산소는 광합성의 부산물이다). 식물 세포에는 엽록체라는 세포 소기관이 있는데, 엽록체 속에 들어 있는 엽록소가 태양광선의 에너지를 붙잡아 광합성을 한다.

꽃받침 속씨식물(꽃 피는 식물)에서 꽃봉오리 안에 들어 있는 꽃을 보호하는 꽃잎의 바깥쪽 부분으로 주로 녹색을 띠어 잎처럼 보인다.

낙엽 식물 해마다 잎을 떨어뜨리는 나무나 관목. 상록수는 1년 내내 조금씩 잎을 떨어뜨리는 동시에 계속해서 잎이 난다.

DNA 자손에게 전달되는 유전 정보를 운반하는 분자로 'Deoxyribonucleic acid(디옥시리보핵산)'를 줄인 말이다. 모든 진핵생물과 원핵생물의 세포에 들어 있다.

반수체 유전자를 한 개만 가지고 있는 세포핵이나 세포.

방사선요법 X선 같은 고에너지 방사선으로 질병을 치료하는 방법. 주로 암을 치료할 때 사용한다. 방사선 치료라고도 한다.

배수체 두 부모에게서 염색체를 각각 하나씩 받아 두 개(한 쌍)를 들고 있는 세포핵이나 세포.

배우자 반수체로서 유성 생식 과정에서 한데 합쳐 접합자를 만들 수 있는 암컷이나 수컷의 생식세포(한 쌍의 염색체에서 한 짝만을 가지고 있다). 동물에서는 암컷의 배우자는 난자이며 수컷의 배우자는 정자이다.

복제 양 돌리 세계 최초로 성체 세포를 복제해 태어난 포유류. 1996년에 로슬린 연구소와 PPL 테라퓨틱스 연구팀은 양의 유선 세포에서 추출한 세포핵을 다른 양의 난자에 집어넣는 핵 이식 기술(세포에 원래 들어 있던 유전 물질을 제거하고 새로운 유전 물질을 주입하는 방법)로 돌리를 만들었다. 돌리는 유선 세포의 핵이라는 형태로 유전 물질을 제공한 성체 양과 유전적으로 동일하다. 1996년 7월 5일에 태어난 돌리는 6년 6개월 정도를 살았고, 2003년 2월 14일에 죽었다.

분열조직 식물의 싹이나 뿌리에서 세포 분열이 일어나 생장하는 부분.

삽입 기관 유성 생식에서 수컷이 암컷에게 정자를 전달하는 신체 기관. 포유류에서 삽입기관은 페니스이다.

생물막 여러 박테리아 종이 한데 모여 서로 협력하면서 자급자족하는 군집을 이룬 형태. 한 종의 노폐물을 다른 종이 영양분으로 활용하기도 한다. 치석도 생물막이다.

세포자멸 유기체를 구성하는 세포가 예정된 죽음을 맞는 현상. 세포자멸을 촉진하는 유전자에 문제가 생기면 여느 때라면 죽어야 할 세포가 죽지 않고 살아남아 암세포가 될 수도 있다.

수술 동물의 수컷 역할을 하는 꽃의 생식 기관. 꽃가루를 만든다.

RNA 살아 있는 세포에서 단백질 합성에 아주 중요한 역할을 하는 리보핵산 분자. DNA가 아니라 RNA가 유전 정보를 전달하는 바이러스도 있다.

유전자 변형 생물 사람이 원하는 형질을 얻으려고 유전자를 조작한 유기체. 해충에 강한 식물이 그 예이다.

유전자 풀 한 개체군에 들어 있는 유전자의 총합. 유전자 변이란 유전자 풀에 들어 있는 유전자에 생긴 변화를 의미한다.

이형접합 서로 다른 배우자가 결합하는 생식 방법. 동일한 배우자가 결합하는 생식 방법은 동형접합이라고 한다.

1년생/2년생/다년생 식물의 수명을 나타내는 용어. 1년생 식물은 발아부터 종자 형성에 이르기까지 식물의 전체 생활사가 1년 안에 마무리되고, 2년생은 2년 안에 마무리가 된다. 수명이 2년 이상인 식물을 다년생 식물이라고 한다.

자연선택 환경에 가장 잘 적응한 유기체만이 살아남아 더 많은 자손을 생산하게 하는 자연의 한 과정. 영국 동식물학자 찰스 다윈이 제시한 이론의 핵심 개념인 자연선택은 유전자 부동, 이주, 돌연변이라는 개념과 함께 진화가 작동하는 방식을 잘 설명해준다.

접합자 두 배우자가 결합해 염색체를 한 쌍 들고 있는 배수체 세포. 난자와 정자가 결합한 수정란도 접합자이다.

종양 조직이 비정상적으로 성장해 부풀어 있는 부분. 세포가 비정상적으로 증식하면서 몸의 다른 부위로 퍼져나가 암을 일으킬 수도 있는 종양을 악성종양이라고 한다. 암을 일으킬 염려가 없는 종양은 양성종양이라고 부른다.

플라스미드 박테리아의 세포질에 들어 있을 때가 많은 작은 DNA 가닥.

형질전환식물 다른 유기체의 유전 물질을 이식한 식물.

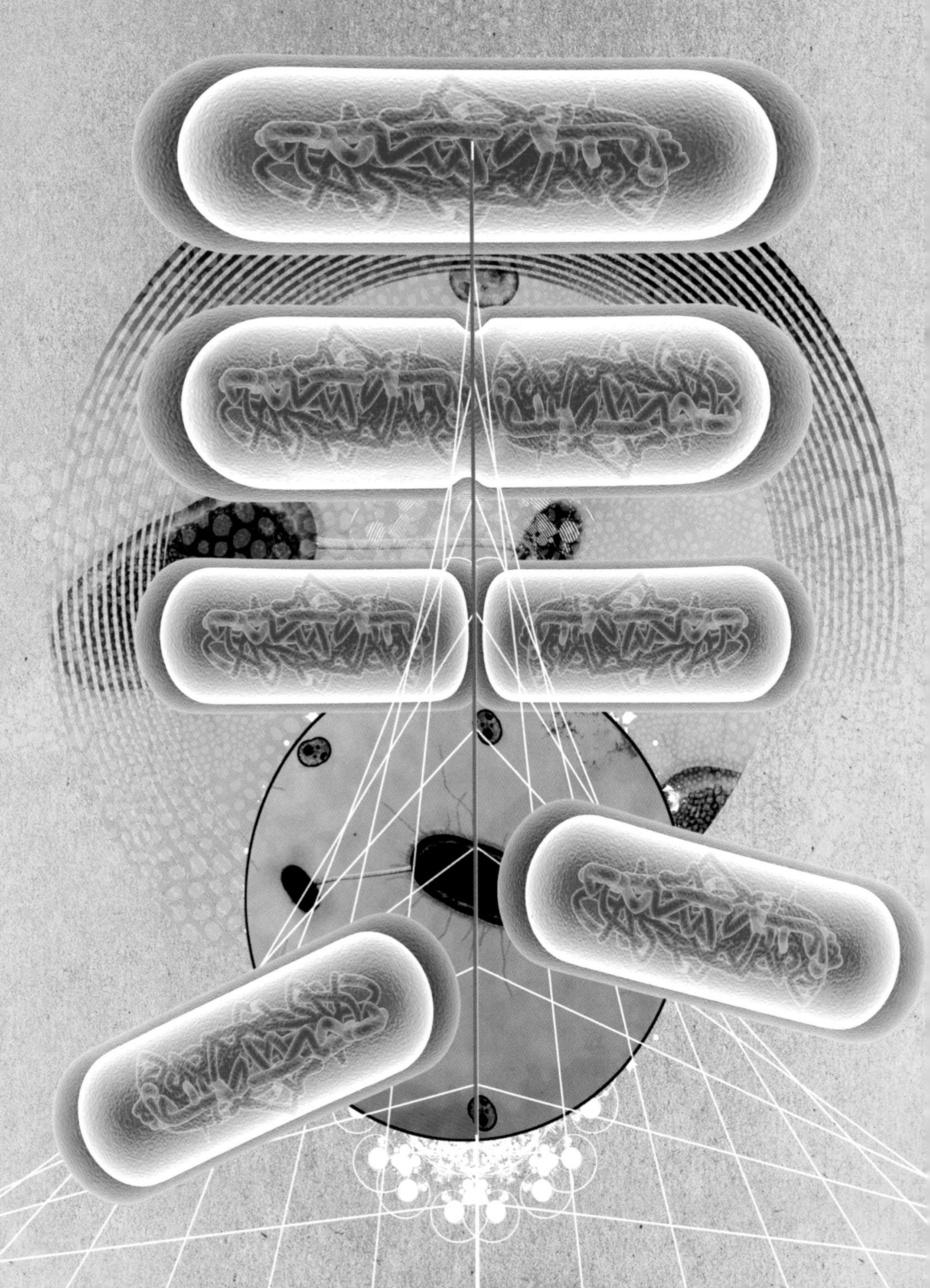

발생과 생식-박테리아

DEVELOPMENT & REPRODUCTION: BACTERIA

30초 저자
헨리 지

박테리아는 단단한 세포벽으로 둘러싸여 있는 단세포 유기체이다. 박테리아는 유전적으로는 동일하지만 뚜렷하게 구별되는 새로운 두 세포로 나뉘는 방식으로 증식한다. 박테리아가 세포 분열하는 속도는 종마다 다르다. 흔히 대장균이라고 부르는 *E. coli*는 20분도 안 되는 시간에 두 배로 증식한다. 결핵균(*Mycobacterium tuberculosis*)이 두 배로 증식하려면 16시간이 걸린다. 항생제는 박테리아가 세포 분열할 때만 영향을 미치기 때문에 느리게 분열하는 박테리아는 죽이기 힘들다. 일반적으로 박테리아는 적당한 먹이 자원이 있어야만 분열하고, 먹이 자원이 사라지기 전까지만 분열하다가 먹이가 떨어지면 분열을 멈추고 죽는다. 하지만 다른 박테리아 종과 '생물막'을 형성해 안정적으로 먹이를 공급받는 박테리아들도 있다. 생물막을 구성하는 박테리아들은 서로가 서로의 노폐물을 소비해 자급자족하는 안정적인 생태계를 구성한다. 치석이나 낭포성 섬유증을 앓는 환자의 폐에서 발견되는 생물막은 쉽게 제거할 수 없다. 생존하기 힘든 시기가 되면 포자(spore)라는 형태로 일종의 동면 상태에 들어가는 파상풍균(*Clostridium tetani*) 같은 박테리아도 있다. 포자는 박테리아 세포와는 완전히 다른 형태를 띠고 있기 때문에 포자 형성은 박테리아에서 유일하게 '발생'으로 분류할 수 있는 과정이다.

3초 분석
단세포 생물이 거의 모두 그렇듯이 박테리아도 이분법으로 증식한다. 박테리아 개체들은 개별적으로는 생장할 가능성이 거의 없지만 개체들 간에 신호를 나누고 유전 물질을 교환하면서 군체 내부에서는 역할을 분담하는 생장이 일어난다.

3분 정리
박테리아라고 항상 무성생식만 하지는 않는다. 가끔은 접합섬모(pilus)라고 하는 관을 뻗어 박테리아끼리 DNA를 교환하기도 한다. 박테리아의 세포에는 염색체뿐만 아니라 플라스미드라고 하는 작은 DNA 가닥도 들어 있다. 플라스미드에는 항생제에 내성을 갖는 유전자나 질소를 고정하는 능력 같은 여러 형질을 발현하는 유전자가 들어 있기 때문에 아주 중요하다. 박테리아는 DNA를 아주 자유롭게 운영하기 때문에 외부에 있는 DNA를 쉽게 받아들이고 자기 DNA를 다른 박테리아에게 기꺼이 건네준다.

관련 주제

고세균
19쪽
박테리아
21쪽
상리공생
125쪽

3초 인물 소개
오즈월드 에이버리
1877~1955
콜린 매클라우드, 맥린 매카티와 함께 1944년에 살아 있는 박테리아가 죽은 박테리아의 세포에서 DNA를 취한다는 사실을 보여줌으로써 DNA가 유전 물질임을 밝힌 미국 생물학자.

스탠리 N. 코헨
1935~
허브 보이어, 폴 버그와 함께 박테리아의 플라스미드를 이용해 한 유기체의 DNA를 다른 유기체로 옮기는 방법을 개발하고 유전공학을 창시했다.

대장균 같은 박테리아는 먹이 자원이 모두 떨어질 때까지 아주 빠른 속도로 분열한다.

동물의 발생

DEVELOPMENT: ANIMALS

30초 저자
헨리 지

동물은 모두 난자와 정자가 결합해 만든 수정란(접합자)이라는 단일 세포에서 발생을 시작한다. 발생 초기에 수정란은 크기는 생장하지 않고 계속 나뉘어(이를 난할이라고 한다—옮긴이) 작은 세포들이 뭉쳐 있는 공 같은 형태가 된다. 난할 뒤에 일어나는 발생 과정은 각 세포에 나뉘어 들어가는 난황(영양 물질)의 분포 상태에 따라 달라진다. 난항이 들어 있는 세포는 크기가 크기 때문에 천천히 분열해 성체의 소화관을 형성한다. 난항이 들어 있지 않은 세포는 크기가 작고 더욱 빨리 분열해 피부나 신경처럼 성체의 외부에 위치하는 조직과 장기로 분화한다. 계속해서 분열하던 수정란은 가운데 구멍(포배강)이 생기는 포배(blastula) 단계를 거쳐 한쪽이 무너져 내려 찌그러진 축구공 모양이 된다. 이 시기를 낭배(gastrula)라고 하는데, 낭배 때는 세포가 두 층으로 나뉘고 한 쪽 끝은 뚫려 있다. 이 뚫려 있는 곳이 입이 되는 동물도 있지만, 사람을 포함한 대부분의 척추동물은 이 구멍이 항문이 되고 입은 나중에 발달하는 다른 구멍이 변해서 생긴다. 동물들은 대부분 안쪽 세포층과 바깥쪽 세포층이 중간에 있는 공간으로 모이고 원래 있던 포배강은 접히면서 성체의 체강과 근육이나 혈관 같은 내부 기관으로 변한다. 회충이나 피낭동물처럼 발생 과정이 처음부터 분명하게 결정되어 있는 동물도 있다. 이런 동물들은 성체에서 보이는 세포들이 접합자의 어느 부위에서 발달했는지를 분명하게 알 수 있다.

관련 주제
동물
31쪽
동물의 생식
81쪽

3초 인물 소개

빌헬름 루
1850~1924
하인리히 헤켈의 제자로 현재 우리가 알고 있는 발생학을 만들고 발전시킨 공로가 있다고 여겨지는 독일 발생학자.

크리스티아네 뉘슬라인 폴하르트
1942~
초파리에서 혹스 유전자를 발견한 공로로 1995년에 에드워드 루이스와 에릭 위샤우스와 함께 노벨상을 수상한 독일 생물학자.

초파리의 혹스 유전자를 연구하면서 유전자에 생긴 돌연변이가 몸의 구조를 어떻게 바꿀 수 있는지를 좀 더 분명하게 알게 되었다.

3초 분석
동물의 발생은 난자 세포와 정자 세포가 서로 공모해 더 많은 난자 세포와 정자 세포를 만들어 퍼트리는 과정이다.

3분 정리
1980년대에 생물학자들은 날개가 한 쌍 더 생긴다거나 더듬이가 있어야 할 자리에 다리가 생기는 등, 오래전부터 알려져 있었던 초파리의 기형이 몸의 구조가 발달할 때 각 부위의 위치를 결정하는 유전자(혹스 유전자(Hox gene))들이 돌연변이를 일으키기 때문에 생긴다는 사실을 알아냈다. 혹스 유전자는 사람을 포함한 모든 유전자에서 상당히 비슷한 기능을 수행한다. 혹스 유전자를 발견하면서 동물 발생에 관한 지식은 크게 증가했다.

동물의 생식

REPRODUCTION: ANIMALS

생식은 유전자에게 계속해서(심지어 유전자가 기거하던 집(유기체)이 죽은 뒤에도) 존재할 수 있는 기회를 준다. 생식 덕분에 유기체는 유전자 다양성을 확보할 수 있고 자연선택에서 유리한 위치를 차지할 수 있다. 유성 생식을 하는 동물들은 반수체 배우자(난자나 정자)를 만들어 두 배우자가 결합해 새로운 배수체 개체를 만드는 방법을 고안해냈다. 생명체의 다양성은 이 영속성을 달성하려고 만들어낸 다양한 방법과 조화를 이룬다. 동물들은 대부분 자기들이 살고 있는 물속으로 배우자를 방출하고, 배우자들은 몸 밖에서 결합한다(체외 수정). 하지만 수정 가능성을 최대로 높이려고 페니스 같은 수컷의 삽입 기관을 암컷의 몸에 넣어 체내 수정을 하는 동물도 많다. 그런데 체내에서 수정이 이루어진 경우에도 접합자는 알이라는 형태로 외부에서 발생하고 발달하기도 한다. 난자는 크고 수가 적은 데 비해 정자는 작고 많으며, 수컷보다 암컷이 자손에게 훨씬 더 많은 에너지를 투자하기 때문에 암컷은 수컷보다 훨씬 더 까다롭게 짝짓기 상대를 고른다. 동물의 왕국에서 볼 수 있는 다양한 구애 전략과 양육 방식은 기본적으로 암컷과 수컷이 벌이는 투쟁의 결과이다. 암컷과 수컷이 이런 투쟁을 벌이는 이유는 배우자의 크기가 다르기 때문인데, 두 성이 만드는 배우자의 크기가 다른(이형배우자를 만드는) 이유는 과학자마다 상당히 의견이 다르다.

관련 주제

동물의 발생
79쪽
식물의 발생
83쪽
성 선택
119쪽

3초 인물 소개

아우구스트 바이스만
1834~1914
다세포 생물의 유전은 생식질(germ plasm)이라는 특별한 생식세포가 결정한다는 사실을 제일 먼저 알아낸 독일 생물학자.

수정란이 몸 밖에서 수정되는가 몸 안에서 수정되는가, 이것이 무성 생식과 유성 생식을 가르는 기준이다……. 동물은 다양한 방식으로 번식한다.

30초 저자
헨리 지

3초 분석
동물이 생식을 하는 방법은 아주 다양하지만 근본적으로는 수컷과 암컷이 어떻게 만나고 다음 세대를 위해 어떤 방식으로 기여 하는가를 기준으로 요약 정리할 수 있다.

3분 정리
이분법이나 발아법, 성체를 그대로 복제하는 방법 등, 무성 생식으로 번식하는 동물과 식물도 많다. 무성 생식이라는 방법이 있는데도 굳이 한 개체의 유전자를 전부가 아닌 절반만 후손에게 전하는 유성 생식이 출현한 이유는 명확하지 않다. 지금까지 많은 과학자가 성이 생긴 이유를 설명했는데, 두 개체의 유전자를 섞어 질병이나 기생충, 예기치 않은 환경 변화에 맞서 건강하고 다양한 유전자 풀을 유지하려고 성이 발명됐다고 설명하는 과학자도 있다.

식물의 발생

DEVELOPMENT: PLANTS

동물과 달리 완전히 자란 식물은 한 장소에서 벗어나지 못하고 죽을 때까지 그 자리에서 살아가지만 그 보상으로 어마어마하게 다양한 신체 구조를 만들 수 있다. 동물은 대부분 머리는 하나, 팔과 다리는 정해진 수만큼이라는 식으로 몸의 형태가 미리 결정되어 있지만 식물은 같은 종이라고 해도 개체마다 잎이나 꽃, 줄기나 뿌리의 수가 상당히 다르다. 그 때문에 식물의 발생은 동물의 발생과는 본질적으로 다르다. 하지만 식물도 기본 기준은 있다. 같은 구조를 반복해서 만드는 것이다. 일단 새싹이 잎과 줄기 조직을 만들고 그 뒤를 이어 꽃이 피며, 땅속에 있는 뿌리는 정해진 형태대로 자란다. 뿌리와 싹은 활발하게 분열하는 줄기세포들이 모인 생장점(분열조직)에서 만들어져 자라는데, 생장점은 식물의 말단 부위에 있다. 이는 싹과 뿌리가 모두 양쪽 끝으로 뻗어나간다는 뜻이다. 식물의 발생에서 환경은 아주 중요한 역할을 한다. 뿌리와 싹 모두 중력에 민감하게 반응하기 때문에 뿌리는 땅을 향해 자라고 싹은 위를 향해 자란다. 광합성을 하려면 햇빛이 필요하기 때문에 식물은 해가 있는 방향으로 굽어 자란다. 온대 기후에서 자라는 식물들은 계절에 따라 생장하는 정도가 다르다. 낙엽 식물은 낮의 길이가 짧아지고 기온이 내려가는 가을이 되면 잎에서 소중한 물질들이 빠져나간다. 잎에 있던 엽록소는 재활용하고 잎은 선명한 가을빛으로 물든다.

관련 주제

식물
29쪽
동물의 발생
79쪽
식물의 생식
85쪽

3초 인물 소개

요한 볼프강 폰 괴테
1749~1832
꽃잎, 꽃받침, 수술 같은 많은 식물 기관은 잎처럼 생긴 아주 단순한 기관이 변해서 형성된다는 가설을 제시한 독일의 극작가이자 정치가이자 박학다식한 사람. 괴테의 주장은 현재 본질적으로는 옳았다는 인정을 받고 있다.

괴테의 주장은 1790년에 출간한 『식물의 변태를 설명하려는 시도(Versuch die Metamorphose der Pflanzen zu erklären)』에 실려 있다.

30초 저자
헨리 지

3초 분석
식물이 발생할 때는 분열조직에서만 생장이 일어나고 환경에 아주 민감하게 반응한다는 특징이 있다.

3분 정리
식물의 발생은 각 식물이 선택한 생활사에 따라서도 달라진다. 1년생 식물은 1년 안에 씨앗이 발아하고 성체가 된 뒤에 죽는 과정을 마무리한다. 이 식물들은 살아갈 수 있는 기회를 찾아다니면서 생장하고 퍼져나가고 성장한다. 그와 달리 다년생 식물은 단단한 목질부를 만들어 한 곳에 정착한 뒤에 수 세기 동안(심지어 수천 년 동안) 살아가기도 한다. 여름이 되기 전에 꽃을 피우고 죽는 보도블록에 핀 풀들과 달리 하늘 높이 솟은 세쿼이아 나무, 떡갈나무 고목, 울퉁불퉁 비틀린 올리브 나무는 수년 동안 온갖 풍파를 받으면서도 꿋꿋하게 살아간다.

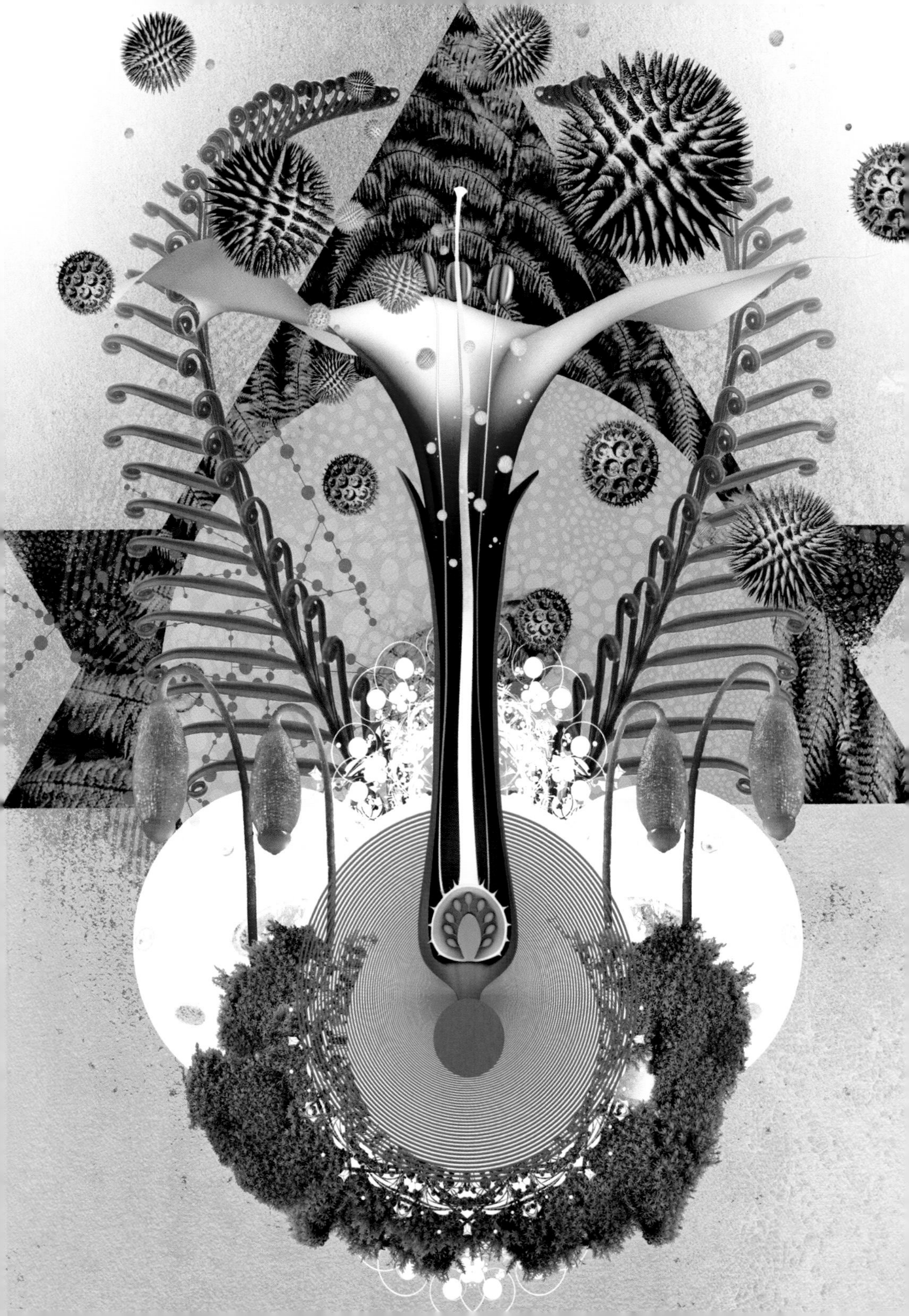

식물의 생식

ÄREPRODUCTION: PLANTS

30초 저자
헨리 지

동물처럼 식물도 보통은 유전자 사본을 두 개씩 가지고 있는 많은 세포(배수체)로 이루어져 있다. 생식세포(반수체)만이 유전자 사본을 한 짝 가지고 있다. 식물도 유성 생식을 통해 반수체인 생식세포가 배수체가 된다. 하지만 세대교체는 반수체 세대가 배우체에게만 한정되어 있는 동물보다는 식물에서 훨씬 뚜렷하게 나타난다. 이끼는 배우체(gametophyte)라고 하는 반수체 세대가 식물체의 주요 부분을 구성한다. 이끼의 암배우체는 아주 큰 생식체(난세포)를 만들고 이끼의 수배우체는 아주 작은 생식체(정자)를 만드는데, 난세포와 정자가 만나 배수체가 된다. 배수체 세대인 포자체(sporophyte)는 아주 작을 때가 많은데, 이 단계에서 포자를 만든다. 고사리 같은 양치식물은 포자체가 크고 배우체는 작다. 침엽수 같은 겉씨식물과 꽃피는 식물이라고 하는 속씨식물은 포자체가 우세하고 배우체는 배우자 자체로 한정되어 있다. 구조가 간단한 식물의 정자는 물속을 헤엄쳐서 배우자에게 가지만(이것이 이끼가 축축한 장소에서 살아야 하는 이유이다), 겉씨식물이나 속씨식물처럼 복잡한 식물은 정핵을 생성할 세포가 꽃가루 안에 들어 있는데, 수분 매개자나 바람이 꽃가루를 암배우체가 있는 곳으로 운반해주어야만 정핵이 생성된다. 정핵과 난세포가 결합하면 종자라는 독특한 번식체(propagule)가 된다.

관련 주제

동물의 발생
79쪽
동물의 생식
81쪽
식물의 발생
83쪽

3초 인물 소개

네헤미아 그루
1641~1712
『식물 해부학(The Anatomy of Plants)』을 쓴 영국 식물학자. 꽃가루가 식물의 생식 기관임을 알았다.

빌헬름 호프마이스터
1824~1877
식물이 세대 교번을 한다는 사실을 알아낸 독일 식물학자.

3초 분석
식물의 발생은 배우체 세대와 포자체 세대가 적절하게 균형을 이루면서 발전해왔는데 좀 더 발달된 식물에서는 포자체 세대가 우세하다.

3분 정리
식물은 무성 생식도 할 수 있다. 식물을 길러본 사람이라면 누구나 알듯이 식물은 기존 식물에서 떼어낸 조각만으로도 다시 새로운 개체를 길러낼 수 있다. 동물은 아주 단순한 동물만이 그런 생식 능력을 발휘할 수 있다. 아주 복잡하고 고도로 진화한 식물도 무성 생식이 가능한 것으로 보아 식물은 세포와 조직이 특정하게 분화되어 있지 않아서 언제 어느 때라도 여러 부위를 재생할 능력이 있다고 여겨진다.

이끼의 생식세포가 이동하려면 물이 필요하다. 속씨식물과 겉씨식물의 꽃가루는 화분매개 곤충이나 바람이 있어야 이동할 수 있다.

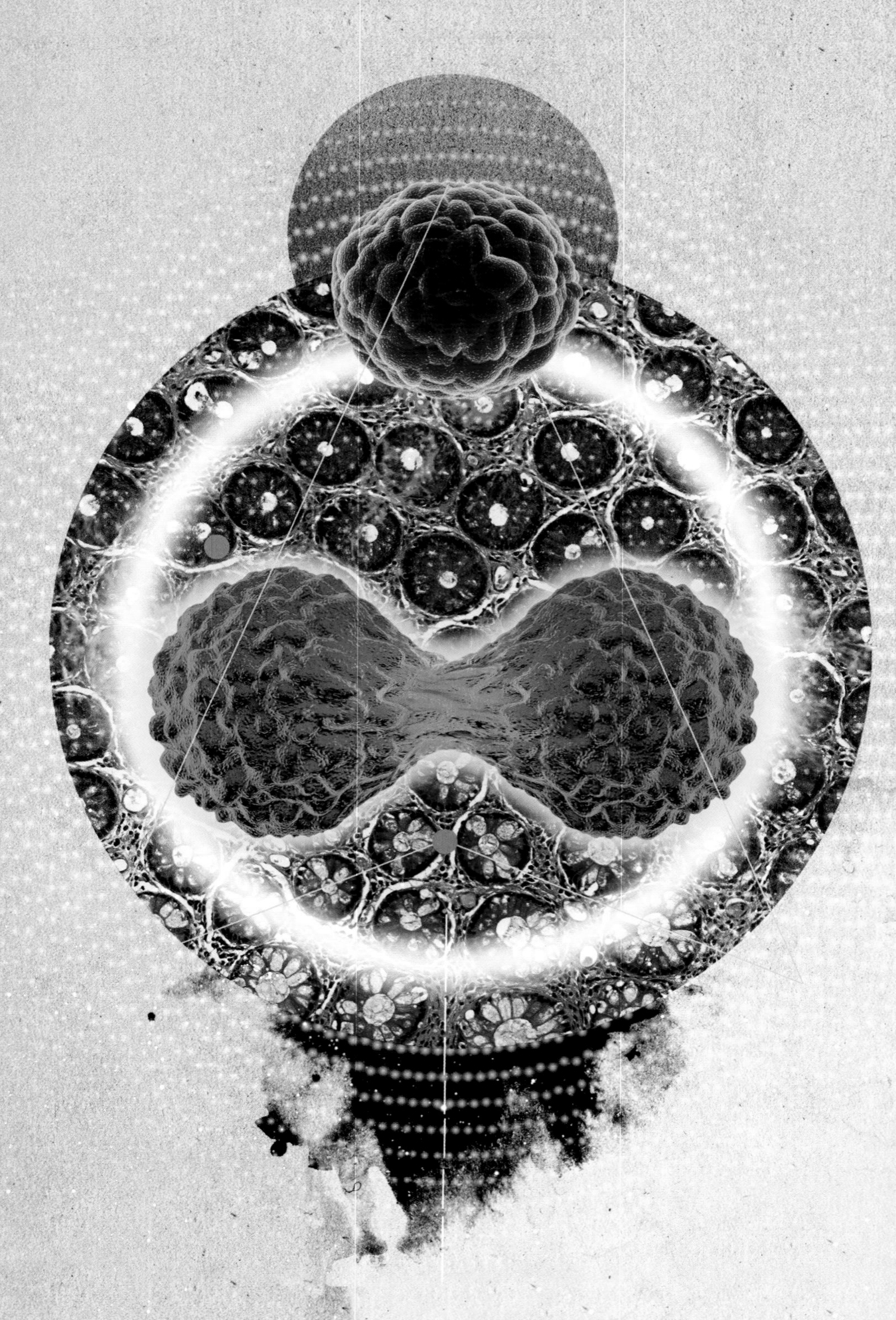

암

CANCER

30초 저자
티파니 테일러

암은 세포의 DNA에 돌연변이가 생겨 세포가 조절할 수 없을 정도로 마구 증식함으로써 생기는 여러 질병을 아우르는 용어이다. 세포가 과도하게 증식하면 종양이 되는데, 이 종양을 치료하지 않으면 암세포가 혈관을 타고 다른 곳으로 이동해 그곳에서 다시 종양을 만든다. 이 과정을 전이(metastasis)라고 한다. 세계보건기구(WHO)는 암이 전 세계적으로 질병과 사망의 주요 원인이라고 했다. 암은 주로 나이든 사람에게서 발병하는데, 그 이유는 나이를 먹을수록 한 세포나 여러 세포를 마구 증식하게 하는 DNA 돌연변이가 많이 발생하기 때문이다. DNA는 한 생명체가 살아가는 동안 우연히 돌연변이되는 경우가 대부분이지만 흡연이나 비만, 먹는 음식, 알코올 섭취, 태양 방사선에 노출되는 등의 생활 습관이 발병 확률을 바꾸기도 한다. 과학자들은 이런 주요 암 발생 원인을 조절하거나 제거하면 암 발병 가능성을 30퍼센트 이상 낮출 수 있다고 생각한다. 정상 세포가 암세포가 되려면 여러 돌연변이 단계를 거쳐야 한다. 세포가 틀린 신호를 보내고 그에 반응해야 하며, 세포의 이동 능력과 혈관 내 생존 확률이 높아져야 하고, 세포가 영원히 살아야 한다(자연 상태에서 살아갈 수 있는 기간보다 훨씬 오랫동안 살아남으면서 계속해서 분열해야 한다). 모든 암이 이런 특징을 공유하기 때문에 과학자들은 암 치료 방법을 찾을 때 보통 이 같은 특성을 집중적으로 살펴본다.

3초 분석
암은 영원히 살아남는 쪽으로 돌연변이를 일으킨 유기체 자신의 세포이다. 암세포는 모두 이런 특성을 공유하기 때문에 계속해서 성장하고 증식할 수 있다.

3분 정리
인체를 구성하는 세포 수와 사람의 평균 기대 수명을 생각해보면 암 발병률은 예상보다 훨씬 낮은데, 이는 동물계 전체를 봐도 마찬가지이다. 동물에게는 세포가 마구잡이로 증식하지 못하게 억제하고(혹은 억제하거나) DNA가 지정한 대로 자살하도록 세포자멸(apoptosis)을 유도하는 종양 억제 유전자가 있다. 사람에게서 발생하는 암은 50퍼센트 이상이 종양 억제 단백질 P53이 돌연변이가 된 경우였다.

관련 주제
세포와 세포 분열
57쪽

3초 인물 소개

마리 스클로도프스카 퀴리
1867~1934
방사능을 의학에 적용해 방사선요법을 개발하려고 애쓴 폴란드 태생 물리학자.

레오폴트 프로인트
1868~1943
방사선요법을 발전시킨 오스트리아 유대인 과학자. 프로인트가 개발한 암 치료법은 지금도 활용하고 있다.

세포를 마구잡이로 증식하게 만드는 돌연변이는 여럿 있다.

1948년
태즈메이니아 스너그에서 출생.
부모님은 의학계에 종사했다

1974년
케임브리지 대학교에서 박사
학위를 받다

1975년
존 세다트(John Sedat)와
결혼하다

1975년
예일 대학교에서
박사후연구원으로 지내다

1975년
말단소체(telomere)를
집중적으로 연구하기 시작하다

1977년
샌프란시스코 캘리포니아
대학교로 옮겨가다

1978년
버클리 캘리포니아 대학교에
조교수로 부임하다

1986년
버클리 캘리포니아 대학교
정교수가 되다

1986년
아들 벤저민 데이비드가
태어나다

1990년
샌프란시스코 캘리포니아
대학교 미생물학 · 면역학과에
부임하면서 개인 실험실을 갖게
되다

1998년
미국 세포생물학회 회장으로
일하다

2001~2003년
미국 대통령 직속
생명윤리위원회 의원으로
활동하다

2009년
노벨 생리의학상을 수상하다

2012년
미국 화학협회 골드메달을 받다

엘리자베스 블랙번

태즈메이니아에서 태어난 엘리자베스 블랙번(Elizabeth Blackburn, 1948~)은 분자생물학자이며 염색체 끝에 붙어 있는 '말단소체'의 기능을 밝힌 공로로 노벨상을 수상했다.

오스트레일리아 태즈메이니아주에 있는 작은 어촌 마을에서 태어난 블랙번은 아주 어렸을 때부터 동물에 관심이 많아서 올챙이를 즐겨 잡고 카나리아부터 개와 고양이에 이르기까지 다양한 동물과 함께 생활했다. 동물에 관한 블랙번의 관심은 가족이 좀 더 큰 도시인 론서스톤으로 이사하고 그 뒤에 다시 멜버른으로 이사한 뒤에도 사라지지 않았고, 결국 멜버른에서 생화학을 전공하게 된다. 멜버른에서 석사 학위를 받은 블랙번은 케임브리지 대학교에서 박사 학위를 받은 뒤에는 프레더릭 생어의 분자생물학 연구소에서 박테리오파지(박테리아에 기생하는 바이러스)의 DNA 염기서열을 분석하는 연구를 진행했다.

존 세다트와 결혼한 뒤에는(그 무렵에 세다트는 곧 예일 대학교로 갈 예정이었다) 샌프란시스코 캘리포니아 대학교로 옮겨가 박사후연구원 과정을 밟을 예정이었던 계획을 바꿔 예일 대학교에서 박사후연구원 과정을 밟았다. 블랙번은 이때 단세포 원생생물의 짧은 꼬마염색체(minichromosome) 끝에 있는 DNA의 염기서열을 분석하는 방법을 개발했다. 샌프란시스코 캘리포니아 대학교로 옮겨 간 뒤에도 블랙번은 그리스어로 '끝'과 '형태'라는 뜻을 지닌 말단소체(원생생물의 DNA 말단 부위)를 연구했고, 세다트와 블랙번 모두 캘리포니아 대학교에서 일자리를 찾을 수 있었다. 이곳에서 캐럴 그라이더와 함께 자연 상태에서는 계속해서 짧아지려는 경향이 있는 말단소체를 복원하는 말단소체복원효소(telomerase)를 발견했다. 블랙번은 "동료들과 함께…… 말단소체와 말단소체복원효소로 이루어진 경이로운 생물계를 들여다볼 수 있었습니다"라고 했다.

21세기가 되면 블랙번은 유전학과 분자생물학이 사회에 미치는 영향력에 깊은 관심을 가지고 좀 더 적극적으로 사회 운동에 참여하게 되는데, 특히 부시 행정부 시절에 대통령 직속 생명윤리위원회 의원으로 활동하면서 정치적인 논쟁에 자신이 강력한 과학 증거를 제공할 수 있다는 믿음을 갖게 되었다. 대통령 직속 생명윤리위원회 의원으로 활동한 지 2년 만에 블랙번은 정부와 위원회 임원들과는 상당히 다른 견해를 드러내면서 위원회 활동을 그만두게 되지만, 대중에게는 엄청난 지지를 받았다. 2009년에 블랙번은 '말단소체와 말단소체복원효소가 염색체를 보호하는 방법을 밝힌 공로'로 캐럴 그라이더, 잭 스초스택과 함께 노벨상을 수상했다.

유전자 변형 생물—논쟁거리

CONTROVERSY GM ORGANISMS

30초 저자
닉 배티

'유전자 변형'이라는 용어는 '유전자를 조작한다'라는 뜻이지만 실제로는 상당히 이질적인 다양한 의미를 담고 있기 때문에 논란을 불러온다. 1만 2,000년쯤 전부터 일정한 장소에 정착을 하고 농사를 짓게 된 사람들은 그때부터 사람에게 이로운 야생 생물 품종을 모으기 시작했다. 이 같은 채집 행위도 사실은 일종의 유전자 조작으로, 그 덕분에 빵을 만들 밀, 가축, 고양이와 개처럼 사람에게 길들여진 생물을 만들어낼 수 있었다. 현대 동물 과학은 '유전자 변형' 기술을 이용해 복제 양 돌리를 만들어냈다. 돌리는 다 자란 양의 유선 세포에서 추출한 세포핵을 세포핵을 제거한 난자에 이식해 만든 복제 동물이다. 유선 세포의 핵을 이식한 난자는 배아로 발달했고, 복제 양 돌리가 되었다. 돌리를 만든 기술을 이용하면 유전자가 동일한 귀중한 동물(외부 유전자를 이식한 동물)을 여러 개체 만들어낼 수 있다. 현대 작물 과학에서는 유전자총(gene gun)을 이용해 외부 DNA를 표적 세포에 쏘아 유전자를 이식하는 비전통적인 품종개량 방법을 활용해 제초제에 강한 옥수수 같은 새로운 품종을 만들고 있다. 물고기 유전자를 식물에 넣는 등의 종간 이식 실험은 점점 더 많은 우려를 낳고 있다. 하지만 인류의 식량 요구량은 점점 더 늘어나고 있기 때문에 더욱 더 다양한 환경에서 곡물을 생산할 수 있어야 한다. 인류에게 지구 외에 다른 곳이 없다면 '유전자 변형' 기술을 활용해 특별한 식물을 만드는 능력은 아주 소중한 기술일 수 있다.

관련 주제

멘델의 유전
41쪽

적응과 종 분화
117쪽

먹이 그물
141쪽

3초 인물 소개

이언 윌머트 경
1944~
에든버러 로슬린 연구소 과학자들을 이끌어 1996년에 세계 최초로 포유류 복제에 성공한 영국 발생학자.

아민 브라운
1911~1986
형질전환식물(transgenic plant)을 만드는 방법을 개발한 미국 과학자.

유전자 변형 옥수수와 복제 양 돌리는 둘 다 논쟁에서 자유롭지 못하지만, 유전자 조작 기술을 개척한 선구자들이다.

3초 분석
현대 기술이라는 옷을 입은 유전자 변형 생물은 뜨거운 논쟁거리이지만 사람은 아주 오래전부터 자연을 대상으로 유전자 조작을 해왔다.

3분 정리
유전자 변형 작물을 걱정하는 이유는 상당히 많이 변형된 유전자가 다른 생물에게 퍼져나갈 수 있다는 환경 문제와 사람에게 안 좋은 영향을 미칠 수 있다는 건강 문제 때문이다. 사람들이 두려워하는 이유는 유전자 변형 작물이 어떤 결과를 불러올지 모르기 때문인데, 그런 걱정을 해소할 수 있는 법안이 만들어지고 있다.

에너지와 영양

에너지와 영양
용어해설

공생과 내부공생 공생이란 가까운 곳에서 살아가는 두 유기체가 서로 도움이 되는 쪽으로 상호작용하는 관계를 말한다. 내부공생에서는 공생 관계에 있는 두 유기체 가운데 한 유기체가 다른 유기체의 몸속에서 살아간다. 생물학자들은 녹색 식물의 세포 소기관인 엽록체도 원래는 시아노박테리아 같은 유기체가 식물 세포 안으로 들어간 내부공생이 진화한 형태라고 믿고 있다.

광합성 녹색 식물이 물과 이산화탄소를 이용해 영양분(설탕과 녹말)과 산소를 합성하는 과정(산소는 광합성의 부산물이다). 식물 세포에는 엽록체라는 세포 소기관이 있는데, 엽록체 속에 들어 있는 엽록소가 태양광선의 에너지를 붙잡아 광합성을 한다.

난쟁이밀(dwarf wheat) 줄기가 짧고 굵으며 알곡이 많이 열리는 밀 품종.

대사 경로 세포가 물질 대사를 하는 동안 화합물질이 분해되거나 합성되는 일련의 반응 과정.

대사 물질 세포 물질대사에 필요하거나 세포 물질대사 결과 만들어지는 분자들.

대사체 한 유기체 안에 존재하는 작은 분자들의 총합. 대사체에 변화가 생겼다는 것은 질병에 걸렸을 수도 있다는 뜻이다.

분자 원자들이 결합한 물질로 화합물을 구성하고, 화학 반응에 관여할 수 있는 가장 작은 물질 단위.

비타민 유기체가 정상적으로 건강하게 살아가려면 체내에 있어야 하는 유기 물질들. 비타민은 사람의 몸에서 합성되지 않기 때문에 반드시 외부에서 섭취해야 한다. 유기체에게 필요한 비타민이 부족하면 비타민이 결핍 되어 심각한 질병에 걸릴 수도 있다. 비타민 C가 결핍되면 괴혈병에 걸리고 비타민 D가 부족하면 구루병에 걸린다.

세포 유기체의 기본 단위. 모두 그렇지는 않지만 세포는 대부분 핵이 있고 세포막에 둘러싸인 세포질이 있다.

세포 소기관 세포 안에 들어 있는 미세 구조물(또는 소기관).

세포질 세포의 외부 막(세포막)에 둘러 싸여 있으면서 세포핵을 감싸고 있는 세포 부분.

시아노박테리아 광합성으로 에너지를 만드는 단세포 원핵생물. 청록박테리아나 남조류라고 부르기도 하는데, 지구에서 가장 먼저 출현한 생물이라고 알려져 있다. 오스트레일리아 서부에서 35억 년 전에 살았던 시아노박테리아 화석이 발견됐다.

식량안전보장(food security) 인류가 언제라도 건강하고 활동적인 삶을 유지할 수 있는 안전하고 건강한 식량을 충분히 확보하고 있는 상태. 그런 상태를 벗어난 경우를 식량불안상태(food insecurity)라고 한다.

아미노산 단백질을 구성하며 물에 녹는 유기물질. 단백질을 만드는 아미노산의 개수는 대략 24개 정도인데, 그 가운데 10개는 인체에서 만들어지지 않기 때문에 음식의 형태로 섭취해야 한다. 음식으로 먹어야 하는 아미노산을 필수 아미노산이라고 한다.

역류증폭 방식 포유류의 콩팥에서 소변을 농축하는 과정.

엽록체 녹색 식물의 세포에 들어 있는 색소체(세포 소기관이다)로 광합성이 일어난다.

유전자 염색체를 구성하는 유전의 기본 단위. 생물의 유전자는 주로 DNA의 형태로 존재하지만 RNA의 형태로 존재하는 바이러스도 있다. 특별한 생리 과정을 조절하는 특별한 유전자도 있다. 여러 생물종에서 세포자멸(세포 자살 행위)을 유도하는 유전자도 그런 유전자이다.

전자전달계 식물의 엽록체에서 일어나는 광합성이나 동물과 식물의 미토콘드리아에서 일어나는 호흡처럼 전자가 여러 화합물 사이를 이동하면서 일련의 생화학 반응을 일으키는 과정.

종 다양성 한 서식지에서 살아가는 식물과 동물과 미생물의 다양성을 나타내는 용어. 일반적으로 종 다양성이라고 하면 아마존 열대 우림이나 남극처럼 특별한 서식지나 지구에서 서식하는 생물의 다채로움 정도를 의미한다.

탄수화물 탄소, 수소, 산소로 이루어진 유기화합물. 포도당이나 설탕 같은 작은 단당류도 있고 녹말이나 셀룰로오스처럼 큰 다당류도 있다. 동물은 탄수화물을 분해해 에너지를 얻는다.

해당과정 여러 효소가 작용해 단계적으로 포도당을 분해하면서 에너지를 방출하는 과정.

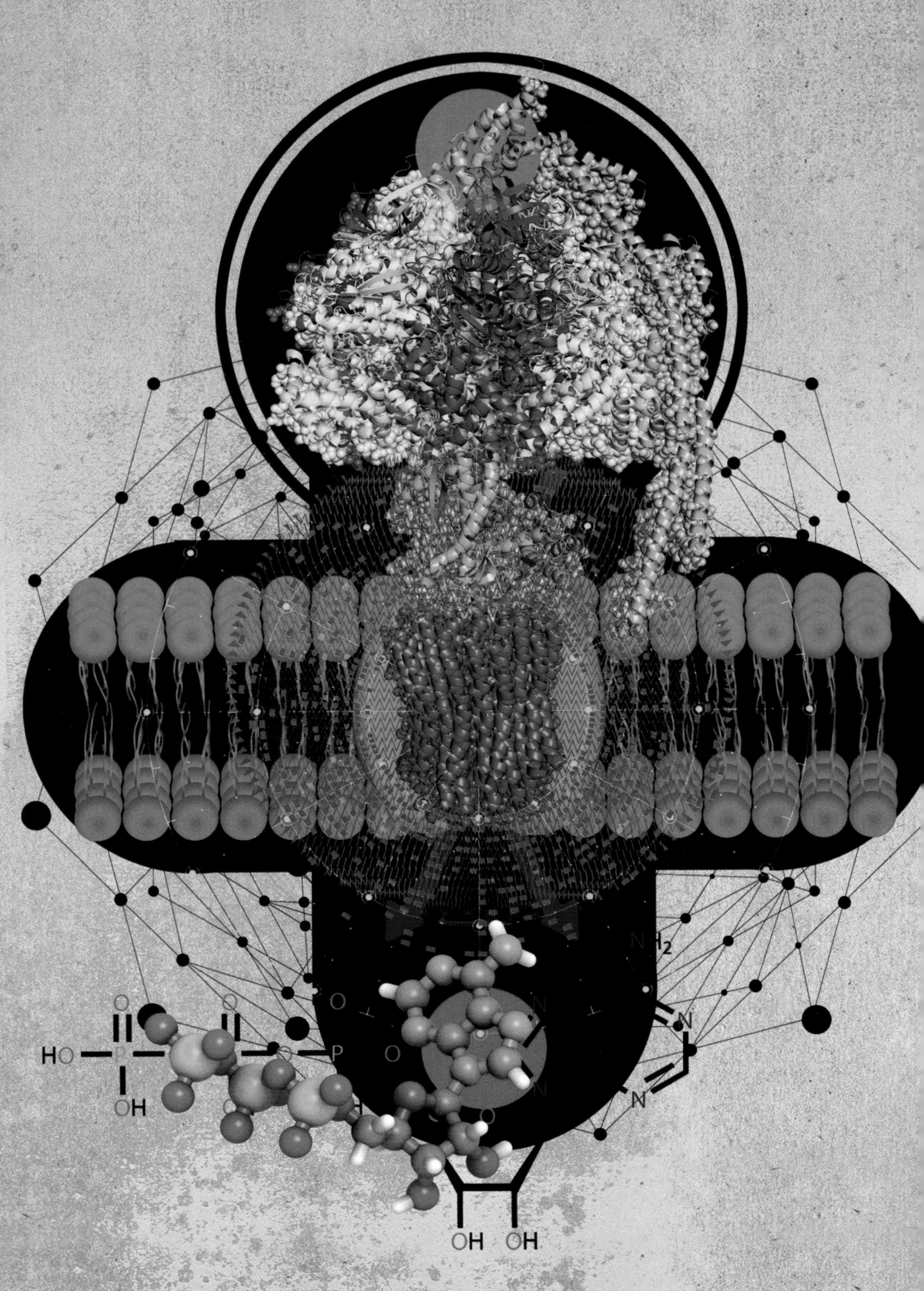

NH2
N
N
HO
P
O
OH
OH OH

호흡

RESPIRATION

세포가 살아가려면 끊임없이 에너지를 얻어야 한다. 동물은 탄수화물 · 지방 · 단백질 분자의 형태로 에너지가 저장된 음식을 먹어 살아가는 데 필요한 에너지를 얻는다. 음식물을 소화하는 동안 에너지를 모두 방출하는 것은 비효율적이기 때문에 생물은 호흡이라는 과정을 통해, 화학 반응을 신중하게 통제해 분자들이 일련의 복잡한 단계를 거쳐 서서히 에너지를 방출하게 만든다. 호흡 마지막 단계에서 음식에 들어 있는 에너지는 세포가 전력 공급원으로 사용하는 ATP(adenosine triphosphate)로 바뀐다. 제일 먼저 일어나야 하는 반응은 복잡한 분자를 설탕처럼 간단한 분자로 분해하는 것이다. 그런 다음 호흡이 시작되는데, 호흡은 세포 안에 있는 두 장소 가운데 한 곳에서 일어난다. 해당과정은 세포질의 액체 부분에 해당하는 세포기질(cytosol)에서 일어나는데, 당이 산화되는 과정이다. 산화적 인산화(oxidative phosphorylation) 과정이라고 하는 훨씬 효율적인 호흡은 미토콘드리아에서 일어나며, 음식물에서 분해된 설탕 분자 한 개당 서른 개가 넘는 ATP가 추가로 생성된다. 그런데 호흡은 결국에는 물 분자를 생성하게 될 산소 분자에 크게 의존한다. 동물은 산소를 주로 호흡하는 데 사용한다. 동물이 들이마신 산소는 90퍼센트 정도가 호흡 과정에서 소비된다.

관련 주제

광합성
101쪽
물질대사
103쪽
영양
105쪽

3초 인물 소개

한스 크레브스
1900~1981
세포 호흡에 관여하는 생화학 경로를 발견한 독일 태생 영국 생화학자.

피터 미첼
1920~1992
화학삼투작용설로 미토콘드리아가 에너지를 생산하는 방식을 설명한 영국 생화학자.

30초 저자
필 다시

3초 분석
음식물에 들어 있는 에너지는 호흡이라는 일련의 화학 반응을 거쳐 방출되고, 방출된 에너지는 ATP라는 에너지를 저장하는 분자 형태로 고정된다.

3분 정리
미토콘드리아에서 일어나는 산화적 인산화 과정은 어떤 과정을 거치기에 그토록 많은 ATP를 생성할 수 있을까? 미토콘드리아 안에서 에너지가 전자전달자(carrier)를 거치면서 이동할 때는 각 단계마다 에너지가 소량 방출되는데, 이 에너지를 이용해 양성자가 미토콘드리아 막을 통과해 밖으로 나간다. 밖으로 나갔던 양성자가 다시 막 안으로 되돌아 올 때는 ATP 생성효소(ATP synthase)라는 특별한 단백질 채널을 통과해야 한다. 양성자가 ATP 생성효소 채널 안으로 들어오면 APT 생성효소가 회전하면서 ATP를 만들 에너지를 공급한다.

호흡 과정에서 분해된 음식물 분자는 에너지를 방출하고, 그 에너지는 세포의 에너지원으로 쓰이는 ATP에 저장된다. 실제로 모든 세포 과정에는 ATP가 필요하다.

1914년
아이오와주 크레스코에서 헨리 올리브 볼로그와 클라라 볼로그의 아들로 태어나다

1933년
미네소타 대학교에 입학하다

1942년
미네소타 대학교에서 식물병리학으로 박사 학위를 받다

1944~1964년
멕시코에서 밀 연구 및 생산에 관한 합동 프로그램을 이끌면서 생산성이 높고 질병에 강한 난쟁이밀을 개발하다

1964~1997년
멕시코 국제 옥수수 · 밀 증진 센터(CIMMYT) 소장으로 국제 밀 증진 프로그램을 이끌다

1965년
난쟁이밀을 인도와 파키스탄에 소개하다

1968년
멕시코, 인도, 파키스탄에서 활동하면서 '녹색 혁명'을 이끌다

1970년
식량 생산을 늘려 세계 평화에 기여한 공로로 노벨 평화상을 받다

1977년
미국 대통령 자유 메달을 받다

1984~2009년
텍사스 A&M 대학교 국제 농업 특훈교수가 되다

1986년
세계식량상을 제정하다

2006년
미국 의회 골드 메달을 수상하다

2009년
텍사스주 댈러스에서 사망

노먼 볼로그

'녹색 혁명의 아버지'라고 불리는 노먼 어니스트 볼로그(Norman Ernest Borlaug, 1914~2009)는 미국 아이오와 주에 있는 시골 농업 공동체에서 나고 자랐다. 19세까지 집에서 농사를 돕던 볼로그는 대공황 때 시행된 교육 지원 프로그램 덕분에 미네소타 대학교에 등록할 수가 있었고, 1937년에는 학사 학위를, 1940년에는 석사 학위를, 1942년에는 식물병리학으로 박사 학위를 받을 수 있었다. 대학을 졸업한 뒤에는 델라웨어주 윌밍턴에 있는 듀퐁사에서 미생물학자로 근무했다. 1944년 7월에는 록펠러 재단과 멕시코 정부에서 공동으로 진행하는 밀 연구 및 생산에 관한 합동 프로그램을 이끄는 역할을 수락했다.

이때 볼로그는 현대 농업 기술을 결합해 생산성은 높고 질병에는 강한 난쟁이밀 품종을 개발했다. 그 덕분에 1944년부터 1963년까지 멕시코는 밀 생산량이 세 배나 증가했으며, 밀 생산 자립국으로 거듭날 수 있었다. 볼로그의 활약을 지켜본 정부 관리들은 같은 방법을 이용하면 다른 나라에서도, 다른 작물로도 농업 생산성을 향상시킬 수 있음을 깨달았다. 1964년에 볼로그는 멕시코 엘 바탄에 있는 국제 옥수수 · 밀 증진 센터(CIM-MYT) 소장으로 부임했다.

1965년, 볼로그의 밀 품종은 몇 년의 야외 실험을 거쳐 인도와 파키스탄에 도입됐다. 두 나라에서 볼로그의 난쟁이밀은 첫 수확부터 기존 밀의 수확량을 뛰어넘었다. 1963년부터 1970년까지 밀 수확량은 40퍼센트에서 60퍼센트까지 증가했으며, 수백만 명이 기아에서 벗어났다. 국제개발처(USAID) 처장 윌리엄 가우드(Willaim Gaud)는 볼로그의 성과를 '녹색 혁명'이라고 칭했고, 1970년에 노벨상 위원회는 국제 식량안전보장에 공헌한 공로로 볼로그에게 노벨상을 수여했다.

1986년에 볼로그는 전 세계 식량의 질과 양을 증진하고 식량 공급에 공헌하는 개인을 발굴해 수상하는 세계식량상을 제정했다. 1983년에 국제 옥수수 · 밀 증진 센터에서 은퇴한 볼로그는 1984년부터 텍사스 A&M 대학교 국제 농업 특훈교수가 되어 2009년에 세상을 떠날 때까지 대학교에서 근무했다. 오랫동안 농업을 연구하면서 미국 대통령 자유메달과 미국 의회가 시민에게 수여하는 1등 메달인 골드 메달, 멕시코에서 자국에 공헌한 외국인에게 수여하는 1등 메달인 아즈텍 이글, 파키스탄과 인도가 시민에게 수여하는 두 번째로 높은 메달인 힐랄 이 임티아즈와 파드마 비부샨 메달을 받았다. 2014년 3월에는 볼로그 탄생 100주년을 맞아 미국 국회는 국회의사당에서 볼로그 동상 제막식을 거행해 그의 높은 인류애를 기렸다.

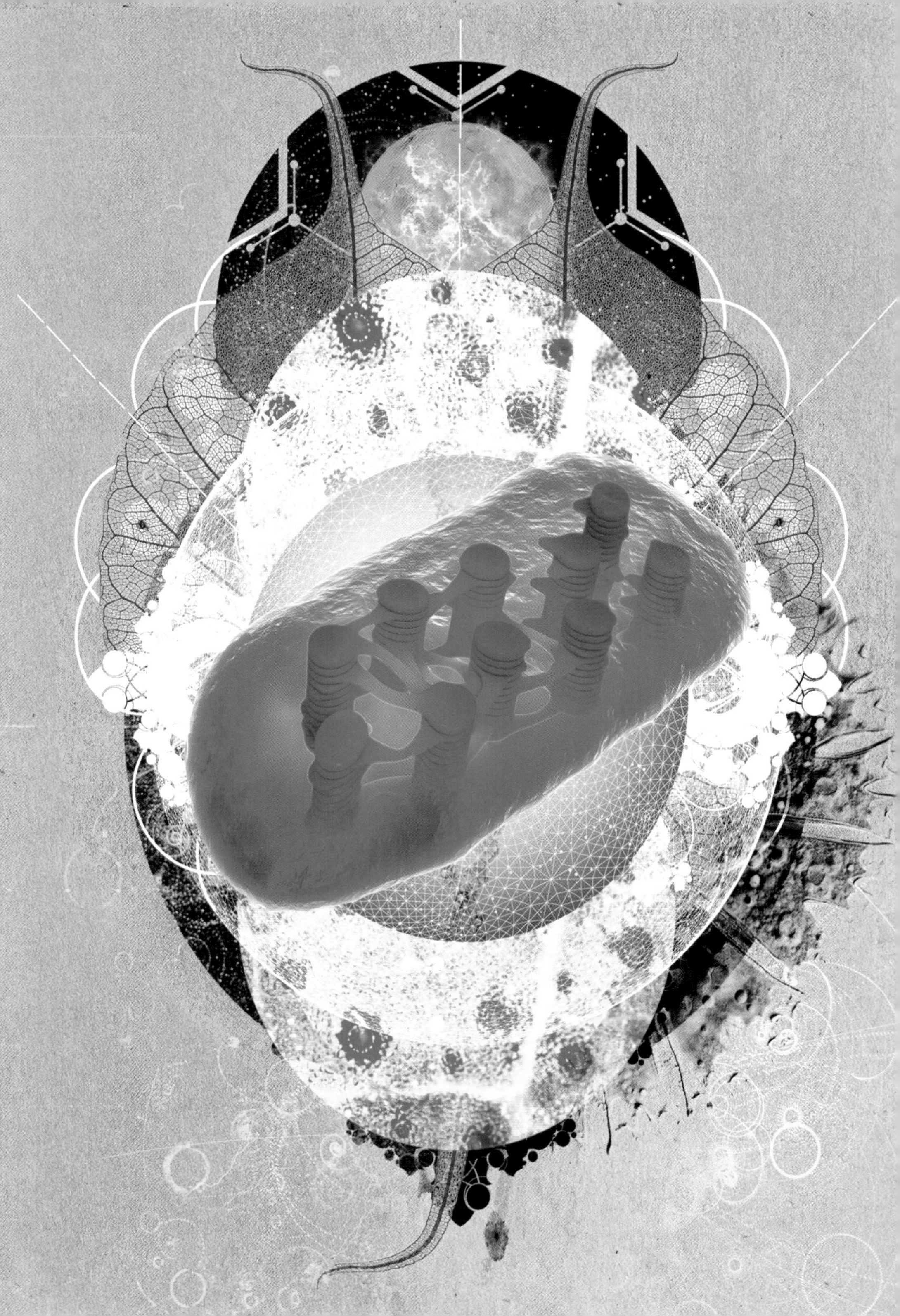

광합성

PHOTOSYNTHESIS

생명체가 사용하는 모든 유기 탄소는 광합성으로 만든다. 광합성은 박테리아(자색박테리아, 녹색유황박테리아, 시아노박테리아), 조류, 식물이 할 수 있다. 조류와 식물에서 광합성을 담당하는 세포 소기관인 엽록체는 식물 세포와 내부공생 관계를 맺고 있던 시아노박테리아를 닮은 유기체가 진화한 결과물이다. 광합성은 빛이 필요한 과정(명반응)과 빛이 필요 없는 과정(암반응)으로 이루어져 있다. 식물에서 빛이 필요한 반응은 엽록체 막에서 일어난다. 색소(주로 엽록소)가 빛에너지를 흡수하면 전자전달계라고 하는 일련의 반응이 차례대로 일어나 물이 산소로 바뀌고 ATP와 NADPH라고 하는 고에너지 분자가 생성된다. 빛이 필요 없는 반응(캘빈-벤슨-바삼 회로)은 ATP 분자와 NADPH 분자를 이용해 엽록체 안에서 이산화탄소를 가지고 탄수화물을 만든다. 캘빈-벤슨-바삼 회로는 탄소가 세 개인 생성물(C_3)을 만든다. 엽육 세포(잎에서 기본 조직인 표피와 잎맥을 제외한 나머지 조직을 이루는 세포—옮긴이)에서 일어나는 캘빈-벤슨-바삼 반응은 RuBisCO 효소가 관여한다. RuBisCO 효소는 지구에 존재하는 가장 많은 단일 단백질이라고 추정하고 있다. C_4 식물처럼 빛에 의존하는 광합성 반응과 이산화탄소를 동화하는 작용이 분리되어 있는 식물도 있다.

30초 저자
필립 J. 화이트

3초 분석
광합성은 빛에너지를 이용해 이산화탄소(CO_2)와 물을 탄수화물로 바꾼다.

3분 정리
광합성은 대기에 들어 있는 이산화탄소를 제거한다. 지구에서 일어나는 전체 광합성 가운데 40퍼센트 내지 70퍼센트 정도는 해양 환경에서 일어난다. 광합성에 필요한 전자전달계가 활성화되려면 철 원자가 필요하다. 지구 전역에서 광합성을 늘리고 대기 속 이산화탄소의 양을 줄이고 지구 온난화도 완화하려고 바다에 철을 뿌리는 방법을 고심하는 과학자도 있다.

관련 주제
린 마굴리스
23쪽
물질대사
103쪽

3초 인물 소개

로버트 힐
1899~1991
광합성에서 명반응의 특성을 밝힌 영국 생화학자.

멜빈 캘빈
1911~1997
캘빈-벤슨-바삼 회로를 발견해 1961년에 노벨 화학상을 받은 미국의 생화학자.

광합성은 빛에너지를 생물이 살아가는 데 필요한 화학에너지로 바꾼다.

물질대사

METABOLISM

'물질대사'라는 용어는 유기체 내부에서 일어나는 모든 생화학 과정을 아우르는 표현이다. 새로운 세포나 세포 구성 물질을 만드는 물질대사 작용은 동화 작용(anabolic metabolism)이라고 한다. 태양의 빛에너지를 이용해 대기에 들어 있는 이산화탄소를 에너지가 풍부한 탄수화물로 바꾸는 식물의 광합성 작용도 동화 작용이다. 동물이 동화 작용을 하려면 먼저 먹고 마시고 호흡해야 한다. 먹고 마시고 호흡하는 활동을 해야만 동물은 에너지를 생산하고 단백질 같은 새로운 분자를 합성할 재료를 세포에게 공급할 수 있다. 세포와 분자를 분해하는 물질대사 작용은 이화 작용(catabolic metabolism)이라고 하는데, 이화 작용이 일어나면 유기체가 몸 밖으로 배출해야 할 노폐물이 생성된다. 호흡의 결과 생성된 노폐물(이산화탄소)은 혈액에 녹은 뒤에 폐를 거쳐 밖으로 배출되고, 간에서 생성된 물질대사 산물(요소)은 콩팥에서 걸러져 밖으로 나간다. 물질대사에 영향을 미치는 호르몬이나 약을 활용하면 만성 소모성 질병 같은 질환을 치료할 수 있다. 하지만 물질대사에 영향을 미치는 약이 가장 많이 거론되는 분야는 스포츠계이다. 운동선수들이 사용하는 약은 대부분 단백동화스테로이드(anabolic steroid)처럼 선수의 기량을 향상하는 물질로 알려져 있다.

관련 주제

호흡
97쪽

광합성
101쪽

배설
107쪽

3초 인물 소개

한스 크레브스
1900~1981
물질대사 경로를 연구해 물질대사에 관한 기본 지식을 밝힌 독일 태생 영국 과학자.

케네스 블랙스터
1919~1991
반추동물로 전체 동물 연구를 진행한 유명해진 영국 동물 영양학자.

30초 저자
팀 리처드슨

3초 분석
물질대사는 살아 있는 유기체의 몸 안에서 일어나는 전체 생화학 과정을 일컫는 용어이다.

3분 정리
'대사산물(metabolite)'이란 세포가 수행하는 생화학 과정에서 재료로 쓰이거나 중간물질로 생성되거나 생성물질로 만들어지는 보통은 아주 작은 다양한 분자를 가리키는 용어이다. 유기체를 이루는 모든 유전자의 총합을 '유전체(게놈)'라고 부르는 것처럼 유기체 내부에 존재하는 모든 대사산물의 총합을 '대사체'라고 부른다. 앞으로는 인체에 얼마나 다양한 대사산물이 있느냐를 기준으로 병을 진단할 수 있을지도 모른다.

단백동화스테로이드계 물질은 사람의 물질대사에 영향을 미쳐서 골격근 세포가 더 많은 단백질을 생성하게 한다.

영양

NUTRITION

유기체가 제대로 기능하려면 반드시 있어야 하지만 스스로 합성하지 못하고 외부에서 얻어야 하는 물질을 필수 영양소라고 한다. 영양학은 필수 영양소를 획득하고 사용하는 방법을 연구한다. 필수 영양소는 생물종마다 다르다. 주요 에너지원(열량원)이자 섬유질을 함유하고 있는 탄수화물은 사람의 필수 영양소이다. 적어도 두 종류는 되는 특별한 고도불포화 지방, 단백질을 만드는 아홉 종류의 아미노산, 비타민 13종, 무기질 원소 22가지도 사람의 필수 영양소이다. 사람은 주로 식용 농작물을 섭취해 필수 영양소를 얻는다. 열량만 따진다면 사람은 충분한 음식을 섭취하고 있다(지구 전체 인구의 6분의 1은 기아로 죽어가고 있고, 6분의 1은 비만으로 고생하고 있지만 말이다). 하지만 사람들은 거의 대부분 비타민을 부족하게 섭취하며(특히 비타민 A의 섭취량이 적다), 철 · 아연 · 칼슘 · 아이오딘 · 셀레늄 같은 무기질을 제대로 먹지 않는다. 영양소를 제대로 섭취하지 않는 사람은 괴혈병(비타민 C 결핍), 각기병(비타민 B1 결핍), 구루병(비타민 D나 칼슘 결핍), 빈혈(철 결핍), 갑상샘종(아이오딘 결핍) 같은 질병에 걸린다. 필수 미네랄이 적게 함유된 토양에서 자란 곡물을 먹으면 영양실조에 걸릴 수 있다.

관련 주제

광합성
101쪽

물질대사
103쪽

먹이 그물
141쪽

3초 인물 소개

제임스 린드
1716~1794
감귤류를 먹으면 괴혈병을 치료할 수 있음을 밝힌 스코틀랜드 의사.

엘지 위더슨
1906~2000
로버트 맥켄스와 함께 『음식의 화학 조성』을 집필해 최신 영양학 지식을 소개한 영국 영양학자.

30초 저자

필립 J. 화이트

3초 분석

영양학은 유기체가 필수 영양소를 얻고 이용하는 방법을 연구한다. 필수 영양소는 유기체가 최상으로 기능하기 위해서는 반드시 외부에서 얻어야 하는 원소와 유기 물질이다.

3분 정리

사람이 먹는 음식 가운데 필수 영양소를 가장 많이 공급하는 주요 영양원은 식용 농작물이다. 식물은 환경에 있는 무기 물질과 원소를 가지고 유기 물질을 스스로 만들어낸다. 광합성으로 탄소와 산소와 수소를 결합해 에너지원을 만들고 뿌리로 필수 무기질 원소를 흡수한다. 궁극적으로 사람이 필요한 영양소를 얻을 수 있는 이유는 식물이 하는 광합성과 뿌리의 흡수 작용 덕분이다.

비타민과 무기질을 충분히 섭취하지 않으면 심각한 질병에 걸릴 수 있다.

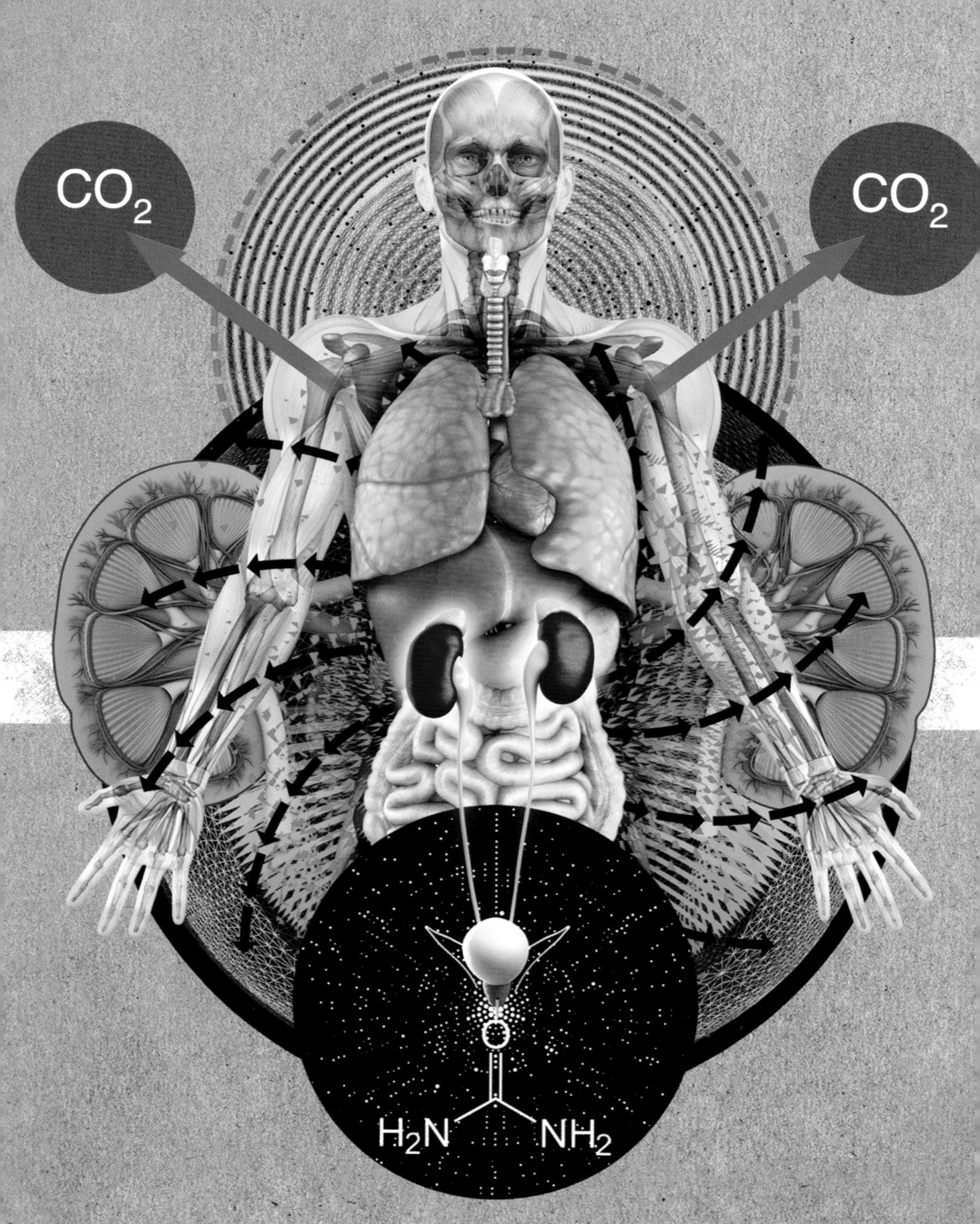
CO_2
CO_2
O
H_2N
NH_2

배설

EXCRETION

30초 저자

헨리 지

살아 있는 모든 유기체에게 노폐물 처리는 곤란한 문제이다. 유기체는 배설이라는 방법으로 물질대사 결과 만들어진 노폐물을 처리한다. 배설(excretion)은 보통 기체나 액체 형태의 노폐물을 밖으로 내보내는 작용을 의미하며, 단단한 고체 물질을 밖으로 내보내는 과정은 배출(egestion)이라고 한다. 동물은 이산화탄소, 염분, 다양한 질소 화합물을 배설의 형태로 내보낸다. 아주 작은 유기체도—특히 그 유기체가 물속에 산다면—세포나 몸의 표면 밖으로 노폐물을 밀어낸다. 사람처럼 몸집이 큰 유기체는 배설을 담당할 특수하게 분화된 기관이 있다. 폐는 이산화탄소를 밖으로 내보내고 피부는 땀의 형태로 염분을 밖으로 내보낸다. 작은 유기체나 수생 생물은 단백질이나 아미노산이 분해되면서 생성된 질소를 암모니아(NH_3)의 형태로 몸 밖으로 배출한다. 암모니아는 독성 물질이지만 물에 아주 잘 녹기 때문에 배설되자마자 물에 녹아 희석된다. 육상 동물은 콩팥에서 걸러지는 요소〔$(NH_2)_2CO$〕의 형태로 질소를 배설한다(수상 생물도 요소로 노폐물을 배설하는 경우가 있다. 상어도 요소로 배설한다). 소변에서 나는 독특한 냄새는 요소 때문이다. 요산의 형태로 질소를 배설하는 동물도 있다. 요산은 물에 녹지 않으며 쉽게 결정을 만든다. 사람의 몸에 요산이 쌓이면 방광결석, 요로결석이 생길 수 있으며, 관절에 쌓이면 끔찍한 통풍으로 고생할 수 있다.

관련 주제

근육
67쪽

호흡
97쪽

광합성
101쪽

3초 인물 소개

베르너 쿤

1899~1963

바르트 하르기타이(Bart Hargitay)와 함께 콩팥의 세관고리(Henle loop)에서 일어나는 역류증폭 과정을 밝힌 스위스 화학자.

3초 분석

배설이란 주로 물질대사로 만들어진 노폐물을 밖으로 배출하는 작용을 의미하는데, 특히 단백질 분해 산물인 질소를 밖으로 내보내는 과정을 뜻한다.

3분 정리

한 유기체의 노폐물이 다른 유기체에게는 아주 쓸모 있는 자원이 될 수도 있다. 식물과 광합성 박테리아가 만들어내는 산소는 사실은 광합성 과정에서 나오는 노폐물이다. 냉정하게 말해서 산소는 반응성이 큰 독성 물질이다. 하지만 사람이 음식에 들어 있는 에너지를 얻는 물질대사를 하려면 반드시 산소가 있어야 한다. 미생물의 세계에서는 물질대사 결과 메탄이나 철, 황 같은 물질이 노폐물로 만들어진다. 이런 물질들은 다른 미생물이 살아가는 데 반드시 필요한 식량 자원이다.

사람은 폐, 피부, 콩팥에서 노폐물을 배설한다.

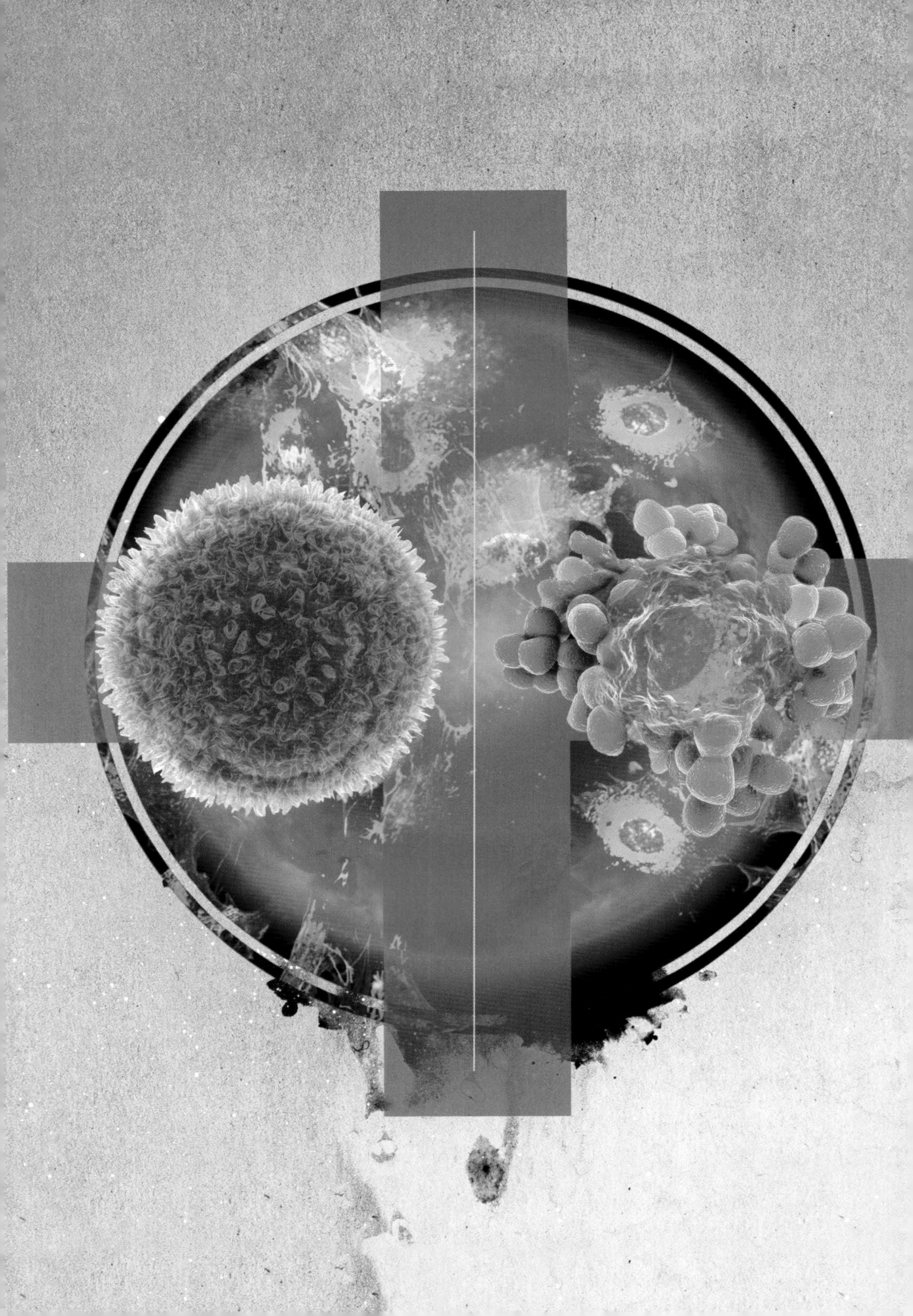

세포의 노화와 죽음

CELLULAR SENESCENCE & DEATH

30초 저자

필 다시

세포의 죽음은 세포가 건강하고 정상적으로 분열하는 데 있어 아주 중요하다. 세포가 죽어야 하는 가장 큰 이유는 그래야만 유기체가 전체 세포 수를 일정하게 유지하면서 계속해서 세포 분열할 수 있기 때문이다. 손상되었거나 영양분이 부족하거나 바이러스에 감염되었을 때도 세포는 죽어야 한다. 세포가 스스로 죽어야 유기체는 건강을 유지할 수 있다. 매일 같이 수십억 개에 달하는 세포가 세포자멸이라는 방법으로 스스로 죽어간다. 세포자멸을 하는 세포는 신중하고도 고의적으로 자기 자신을 죽인다. 대식세포라는 특수하게 분화된 세포가 자신을 먹어치울 수 있도록 세포는 자신의 소기관과 세포막과 염색체를 스스로 분해하고 응축한다. 세포자멸은 세포(특히 세포의 DNA)가 회복하지 못할 정도로 손상되었을 때 일어난다. 기능이 망가진 상태로 계속 분열해 암 같은 질병을 일으키는 문제를 야기하기 전에 세포 스스로 죽는 것이다. 손상된 세포는 손상된 부분을 고치거나 세포자멸로 가지 않고 세포 노화(cell senescence)라는 세 번째 방법을 택하기도 한다. 세포 노화를 택한 세포는 더는 체세포 분열을 하지 않는다. 세포 노화가 된 세포는 더는 분열하지 않고 계속해서 성장한 상태로 머물게 된다. 유기체는 나이가 들수록 세포 노화 상태를 유지하는 세포가 늘어나는데, 과학자들은 세포 노화를 유기체가 노화하는 주요 원인이라고 추정하고 있다.

관련 주제

세포와 세포 분열
57쪽

면역
63쪽

3초 인물 소개

존 설스턴

1942~

꼬마선충의 세포가 예정된 죽음(세포자멸)을 맞는 것은 유기체가 정상적으로 성장하는 데 있어 반드시 필요한 과정임을 밝힌 영국 생물학자.

H. 로버트 호비츠

1947~

세포자멸을 조절하는 주요 유전자들을 밝히고, 그 유전자들이 초파리부터 사람에 이르기까지 생물계에 보편적으로 존재한다는 사실을 알아낸 미국 생물학자.

3초 분석

다세포 유기체의 몸에서는 매일 같이 수십억 개가 넘는 세포가 죽는데, 이는 건강을 유지하고 질병을 막는 정상적인 과정이다.

3분 정리

척추동물에게는 특정 미생물을 인지하고 처리할 수 있는 림프구라는 면역세포가 있다. 병원체가 될 수도 있는 특정 미생물을 찾아내야 하는 림프구는 잠재적인 병원체가 될 수 있는 미생물을 인지하는 다양한 수용체를 무작위로 가지고 있다. 그런데, 이 무작위로 가지고 있는 수용체 때문에 림프구는 유기체의 자기 세포에도 반응할 수가 있다. 따라서 림프구는 혈액으로 분비되기 전에 자기 세포를 인지하는 시험에 통과해야 하는데, 만약 시험에 통과하지 못한다면 세포자멸로 죽어야 한다. 이 시험에 통과하지 못하고 스스로 죽는 면역세포는 전체 면역세포의 90퍼센트가 넘는다.

세포자멸을 하는 세포는 예정된 순서대로 분해된 뒤에 대식세포에게 먹힌다.

생물연료—논쟁거리

CONTROVERSY BIOFUELS

30초 저자
필립 J. 화이트

생물을 기반으로 만든 연료를 생물연료라고 한다. 이론상 생물연료는 재생할 수 있고 이산화탄소를 배출하지 않으며 화석연료 대신 쓸 수 있는 대체 에너지원이다. 생물연료는 석유 가격은 치솟는데 에너지를 안정적으로 확보해야 할 필요성은 증가하고 온실 가스 배출을 줄여야 할 이유는 늘어나면서 인기를 얻게 되었다. 포플러나 버드나무처럼 성장 속도가 빠른 나무나 지팽이풀(switchgrass)이나 억새 같은 다년생 초본 식물을 불에 태워 에너지를 얻는 연료를 고형 생물연료라고 한다. 옥수수 · 사탕수수 · 사탕무 같은 작물에 들어 있는 설탕이나 녹말을 발효시켜 만든 연료는 바이오에탄올이라고 한다. 동물성 오일이나 식물성 오일을 가지고 합성하는 바이오디젤도 생물연료이다. 혐기성 박테리아가 먹이를 분해하는 과정에서 나오는 메탄은 생분해성 생물연료이다. 하지만 안타깝게도 생물연료를 생산하는 과정에서 환경과 종 다양성과 식량 안전보장에 문제가 생길 수도 있다. 화석에너지를 완전히 대체할 만큼 충분히 많은 에너지 작물을 심으려면 엄청난 농지가 필요하다. 에너지 작물을 기르려면 엄청난 양의 물과 무기 비료, 농약이 필요한데, 그 때문에 환경이 파괴될 수도 있다. 초원이나 열대우림 지역을 개간해 작물 에너지 농지로 만들면 종 다양성을 해치고 수십 년 동안 회복될 수 없을 정도로 엄청난 온실 가스가 방출될 수도 있다. 전통적인 농사 작물을 생물연료로 사용하면 식량과 연료를 둘러싼 상업 경쟁이 촉발될 수도 있다.

3초 분석
재생 가능한 생물연료를 사용하면 화석연료를 대체할 수 있겠지만 '에너지 작물'을 경작하면 환경에 나쁜 영향을 미칠 수 있고 식량을 생산해야 할 농지가 줄어든다.

3분 정리
생물연료는 재생 가능한 화석연료 대체 에너지원이다. 그러나 자연 환경과 생물의 종 다양성, 식량안전보장에 나쁜 영향을 미칠 수 있다. 이 문제를 해결하려고 과학자들은 환경에 미치는 영향이 적고 식량 생산과 경쟁하지 않아도 되는 차세대 생물연료(advanced biofuel)를 개발하고 있다. 쓰레기로 생물연료를 만들고, 셀룰로오스로 바이오에탄올을 만들고, 비농작지에서 자라는 미세조류(microalgae)를 이용해 액체 생물연료의 전구물질을 만드는 방법들이 논의되고 있다.

관련 주제
유전자 변형 생물
91쪽
물질대사
103쪽

3초 인물 소개
헨리 포드
1863~1947
에탄올로도 움직일 수 있는 유명한 포드 모델 T 자동차를 생산한 미국 사업가이자 포드 자동차사 창업주.

생물연료는 지구를 구할 수 있을까? 생물연료를 사용하면 화석연료의 사용량을 줄일 수 있겠지만 식물을 길러야 할 농지가 줄어들 것이다.

진화

진화
용어해설

각인 동물의 어린 개체가 태어난 뒤에 제일 처음 만난 동물이나 사람을 믿을 만한 대상이라고 판단하고 의지하는 행동.

고세균 예전에는 박테리아의 일종이라고 생각했지만, 지금은 박테리아와는 전혀 다른 생물군임이 알려져 있다. 세포핵이나 세포 소기관이 없는 단세포 원핵생물로, 유전자나 물질대사 경로는 진핵세포와 아주 유사하다.

균류 식물보다는 동물에 더 가까운 다세포 진핵생물 무리. 곰팡이 · 효모 · 버섯 · 독버섯 등 균류는 8만 종 정도가 알려져 있다.

DNA 자손에게 전달되는 유전 정보를 운반하는 분자로 'Deoxyribonucleic acid(디옥시리보핵산)'를 줄인 말이다. 모든 진핵생물과 원핵생물의 세포에 들어 있다.

박테리아 단 한 개의 세포로 이루어져 있는 아주 작은 유기체 무리. 박테리아는 보통 살아가는 데 산소가 필요한지(호기성 박테리아) 그렇지 않은지(혐기성 박테리아)를 기준으로 분류한다. 생긴 모양에 따라서도 분류하는데, 박테리아는 나선형(spirillum), 구형(coccus), 막대형(bacillus) 등이 있다. 청록박테리아라고도 하는 시아노박테리아는 광합성으로 자신이 사용할 에너지를 만든다.

'변이를 수반하는 계통(descent with modification)' 주변 환경 때문에 생물종이 공동 조상과는 다른 방향으로 진화해가는 상황을 설명하려고 찰스 다윈이 사용한 표현.

상리공생과 기생 상리공생은 두 종이 서로에게 이득이 되는 방향으로 상호작용하지만 기생은 한 생물종(기생생물)이 다른 생물종(숙주)의 표면이나 내부에서 일방적으로 영양분을 가져간다. 사람의 몸에 서식하는 체외 기생생물로는 벼룩이나 이 등이 있고 체내 기생생물로는 박테리아나 촌충 등이 있다.

세포 유기체의 기본 단위. 모두 그렇지는 않지만 세포는 대부분 핵이 있고 세포막에 둘러싸인 세포질이 있다. 세포질은 세포핵을 둘러싸고 있으며 세포의 외막에 둘러싸여 있다.

원생생물 미생물과 먼 친척 관계인 생물 무리로 보통 단세포 생물이다. 조류처럼 엽록체가 있어 식물에 더 가까운 원생생물도 있고 아메바처럼 동물에 가까운 원생생물도 있고 효모처럼 균류에 가까운 원생생물도 있다.

자연선택 환경에 가장 잘 적응한 개체가 일반적으로 더 오래 생존하고 더 많은 자손을 낳게 만드는 자연의 과정. 영국 동식물학자 찰스 다윈이 제시한 이론에서 자연선택은 유전적 부동(한 개체군 내부에서 유전자 변이 빈도가 무작위로 변하는 현상)과 이주(집단의 이동), 변이(유전자의 구조적 변화)와 더불어 진화를 이끄는 주요 메커니즘이다.

종 분화 기존에 있던 생물종이 한 종 이상의 생물종을 새롭게 만들어내는 현상. 보통 한 생물종이 지리적으로 격리된 곳에서 살아갈 때 종이 분화된다〔이를 '이지역성 종 분화(allopatric speciation)'라고 한다〕. 두 개체군이 서로 교배를 할 수 있을 정도로 가까운 곳에서 살아가지만 행동 차이 때문에 교배를 하지 못해 종이 분화되는 경우도 있다. 이런 종 분화를 '동지역성 종 분화(sympatric speciation)'라고 한다.

진핵생물 원핵생물(뚜렷한 핵막이 없으며 세포 소기관이 없는 단세포 생물)과 달리 뚜렷한 세포핵을 가지고 있는 단세포 생물이나 다세포 생물.

폭주 가설(runaway process) 영국 통계학자이자 유전학자인 로널드 A. 피셔가 제안한 성 선택 가설. 폭주 가설은 처음에는 짝짓기에 유리했기 때문에 생물종이 발전시켰지만 결국에는 그 생물종에게 분리하게 작용하는 특성을 다룬다. 성 선택 이론에서는 만약에 조류 암컷이 특별한 깃털을 가진 수컷만을 선택해 짝짓기를 하는 상황이 벌어진다면 짝짓기로 태어난 자손은 아비의 깃털을 가지고 태어날 가능성이 크기 때문에 그 개체군 내부에서는 특별한 깃털을 가진 개체 수가 증가한다고 설명한다. 수컷의 꽁지 깃털이 아주 화려하고 긴 경우가 많은 것도 성 선택의 결과이다. 암컷이 애초에 꽁지 깃털이 긴 수컷을 선택하는 이유는 그런 수컷이 훨씬 더 잘 날아 천적을 피해 살아남을 확률이 높았기 때문이다. 폭주 이론에서는 개체군 내에서 꽁지 깃털이 점점 더 길어지다가 결국에는 긴 꽁지 깃털이 오히려 생존에 불리한 지점에 이른다고 설명한다. 폭주 이론과 경쟁하는 '좋은 유전자 이론'은 긴 꽁지 깃털을 가진 수컷을 암컷이 선택하는 이유는 긴 꽁지가 좋은 유전자를 보유했음을 나타내는 지표라고 설명한다. 낭비라고 느껴질 정도로 화려하고 긴 깃털이 자라려면 좋은 유전자가 있어야 한다고 말이다.

I think
greater distinction
genera would be
formed. - bearing relation

적응과 종 분화

ADAPTATION & SPECIATION

30초 저자
헨리 지

자연선택이란 유전적 변이 · 자손의 수 · 환경 변화 · 시간의 경과가 생명체에게 복합적으로 작용한 결과를 가리키는 용어이다. 여러 세대가 지나면 이런 변수들 때문에 자기가 사는 환경에 가장 잘 적응한 개체들이 개체군을 채워가는데, 그 이유는 환경에 적응한 개체들만이 번식에 성공해 자기가 가지고 있는 '생존에 유리한' 형질을 다음 세대에게 전달해줄 수 있기 때문이다. 이것이 바로 자연선택에 의한 다윈의 진화설이 갖는 핵심 개념이다. 환경에 적응한 결과로 유기체는 단순한 형태에서 복잡한 형태로 바뀌어나간다. 그러나 훨씬 간단한 형태로 바뀌는 진화도 있다. 날개가 퇴화해 날지 못하는 새가 된 경우가 그런 예이다. 진화는 오늘도 도처에서 일어나고 있다. 항생제는 박테리아를 모두 죽일 수 있지만 항생제에 내성이 생긴 박테리아는 살아남는다. 내성이 생긴 박테리아만 살아남아 번식하니, 결국 그 박테리아 종은 항생제 내성을 갖게 된다. 동물이나 식물의 경우, 가끔 한 개체군이 지리적으로나 행동적으로 다른 개체군과 격리되는 경우가 있다. 격리된 개체군은 환경에 맞게 진화해 결국 다른 종으로 바뀐다. 다른 종으로 바뀐 격리된 종은 원래 함께 서식했던 종을 만나더라도 서로 교배할 수 없다. 이런 과정을 '종 분화'라고 한다.

관련 주제

개체군 유전학
43쪽

공진화
121쪽

찰스 다윈
123쪽

3초 인물 소개

찰스 다윈
1809~1882
1859년에 발표한 『종의 기원』에서 자연선택에 의한 진화론을 제시한 영국 동식물학자.

테오도시우스 도브잔스키
1900~1975
현대 유전학과 다윈의 자연선택을 결합해 현재 우리가 알고 있는 진화생물학이 탄생하는 데 기여한 우크라이나 태생 미국 유전학자.

3초 분석
자연선택은 개체군을 구성하는 유전자가 다양하고 그 개체군이 서식하는 환경에 변화가 생길 때 일어난다.

3분 정리
자연선택은 과거를 기억하지도 미래를 예측하지도 않으며, 항상 '개선'이 된다거나 '진보'하는 쪽으로 일어나는 것도 아니다. 예를 들어 기생의 경우 자연선택은 더욱 복잡한 형태가 아니라 아주 단순한 형태로 유기체를 바꾼다. 기생하는 생물은 숙주가 제공하는 환경에 적응하는 쪽으로 자연선택이 일어나기 때문이다. 현생 인류도 진화하고 있다. 수천 년 동안 사람은 요리하고 농사를 지으면서 생기는 환경 변화에 적응해오고 있다. 현재 성인이 된 뒤에도 우유를 먹는 사람이 많은 것은 비교적 최근에 일어난 진화적 혁신이다.

다윈의 연구를 적용하면 벌새의 부리가 긴 이유는 꽃 속 깊은 곳에 있는 꿀을 빨아먹기 위한 적응의 결과로 설명할 수 있다.

성 선택

SEXUAL SELECTION

30초 저자
헨리 지

유기체가 자신의 유전자를 다음 세대로 전달할 기회를 최대한 늘리려면 가장 능력이 있는 배우자를 선택해야 한다. 다윈은 유기체가 배우자를 선택하는 과정이 자연선택의 특별한 예임을 깨닫고 '성 선택'이라는 용어를 붙였다. 다윈은 화려한 수컷 공작의 깃털은 소박하게 생긴 암컷 공작의 시선을 끄는 것 외에는 유용하다고 할 만한 특별한 기능이 없다고 생각했다. 수컷 공작은 화려하면 화려할수록 배우자로 선택될 확률이 높아지고 더 많은 자손을 낳을 수 있다. 문제는 암컷 공작의 입장에서는 화려한 배우자를 고르는 것이 무슨 장점이 있는가, 하는 점이다. 과연 아름다운 외모가 좋은 아버지가 되리라는 사실을 입증할 수 있을까? 과학자들은 암컷이 화려한 수컷을 고르는 이유를 크게 세 가지로 설명한다. '좋은 유전자' 가설은 좋은 외모는 건강하며 질병에 걸리지 않았음을 알려주는 징표라고 설명한다. 어린 수탉의 경우 기생충에 감염된 개체의 깃털은 건강한 개체의 깃털보다 훨씬 칙칙하다. '불리한 조건(handicap)' 가설은 건강한 유전자를 가진 수컷만이 화려한 형질을 발현할 수 있다고 설명한다. '폭주' 가설은 우연히 한 수컷에게서 발현된 형질을 암컷이 선호하게 된 것이라고 설명한다. 원래는 자연에서 무작위로 발현된 수컷의 형질이 암컷의 선택을 받은 선호도로 작용한 예는 수컷의 구애 노래부터 아름다운 깃털, 아주 멋진 빨간색 스포츠카에 이르기까지 무수히 많다.

3초 분석
성 선택은 암컷이 자기 자손에게 최상의 아버지가 될 배우자를 고르려고 치르는 짝짓기 전쟁에 작용하는 자연선택이다.

3분 정리
동물종 대부분이 수컷이 아닌 암컷에게 배우자를 고를 선택권을 준 이유는 무엇일까? 그것은 전적으로 무엇을 얼마나 투자하는가의 문제이다. 수컷은 수백만 개가 넘는 정자를 생산한다. 정자 한 개의 가치는 아주 적기 때문에 수컷은 가능한 많은 난자를 수정시키는 데 관심이 있다. 하지만 암컷은 소량의 난자만을 생산한다. 난자 하나의 가치가 너무나도 크며, 일반적으로 양육은 암컷이 책임지기 때문에 수컷보다는 훨씬 까다롭게 배우자를 고른다.

관련 주제

적응과 종 분화
117쪽
찰스 다윈
123쪽
행동
127쪽

3초 인물 소개

로널드 A. 피셔
1890~1962
자연선택이 확고한 수학적 기반을 갖추는 데 기여했고 자연선택을 '폭주 가설'로 설명하는 데 선구적 역할을 한 영국 통계학자이자 유전학자.

마를린 주크
1956~
빌 해밀턴과 함께 자연선택에 관한 '좋은 유전자 가설'을 확립한 미국 생물학자.

수컷의 구애 행동은 암컷의 짝짓기 선택에 반응해 진화해왔다.

공진화

COEVOLUTION

다른 생물과 상호작용하지 않고 홀로 동떨어져서 진화하는 생물은 없다. 모든 생명체는 주변에 있는 유기체의 진화에 영향을 주고 다른 유기체들에게서 영향을 받으면서 진화한다. 서로 영향을 주고받는 생물들이 마치 군비 경쟁을 벌이는 것처럼 적대적으로 진화를 하는 경우도 있다. 하지만 서로에게 이득이 되는 방향으로 진화를 하기도 한다. 서로 이익이 되건 해가 되건 간에, 이렇게 함께 진화하는 과정을 '공진화'라고 한다. 포식자가 사냥감 생물의 약한 개체들을 잡아먹으면 사냥감 생물은 강한 개체만이 살아남아 번식한다. 사냥감인 가젤은 치타의 공격을 재빨리 알아채는 능력을 키워가고 치타는 더욱 더 빨리 사냥할 수 있는 능력을 키워간다. 그런 식으로 가젤과 치타는 공진화한다. 엄청난 시간 동안 공진화해온 생물들도 있다. 꽃 피는 식물과 곤충은 1억 2,500만 년 이상 세계 전역에서 서로 돕는 관계를 맺으면서 공진화해오고 있다. 식물은 배우자를 찾으러 돌아다닐 수가 없기 때문에 수배우체의 생식세포(꽃가루)를 암배우체의 생식세포와 만나게 해줄 수분 매개자가 필요하다. 식물이 화려하고 향긋한 냄새가 나는 꽃을 만들고 꿀로 곤충을 유혹하는 이유는 모두 번식하려는 목적 때문이다. 사람의 경우에도 소나 양 같은 가축을, 그중에서도 개를 길들이면서 진화의 방향이 많이 바뀌었을 것이다. 현대 인류는 조상인 옛 인류와는 여러 면에서 다르다. 사람과 사람이 기르는 동물들은 공진화하고 있다.

관련 주제

적응과 종 분화
117쪽
상리공생
125쪽
먹이 그물
141쪽

3초 인물 소개

리 반 베일런
1935~2010

생물의 공진화에서 벌어지는 군비 경쟁을 루이스 캐럴의 『이상한 나라의 앨리스』에 나오는 붉은 여왕에 빗대어 '붉은 여왕 가설'이라고 표현한 미국 생물학자. 『이상한 나라의 앨리스』에서 붉은 여왕은 자기 나라에서는 제자리에 있고 싶으면 계속해서 아주 빨리 뛰어야 한다고 했다.

가젤은 더욱더 신중한 방향으로 치타는 더욱더 빨라지는 방향으로 진화했다. 꽃은 수분 매개자인 곤충을 유혹한다. 공진화 덕분에 종은 발달한다.

30초 저자

헨리 지

3초 분석

망망대해에 떠 있는 섬처럼 철저하게 고립되어 홀로 사는 생물은 없다. 생물들은 생태 환경 속에서 서로 관계를 맺기 때문에 누구나 서로가 서로에게 영향을 받으면서 진화한다.

3분 정리

공진화의 형태는 아주 다양하다. 꽃 피는 식물은 다양한 곤충에게 수분을 의지하고, 곤충은 다양한 식물을 찾아가기 때문에 꽃과 식물이 맺는 공진화 관계는 느슨할 수밖에 없다. 하지만 아주 긴밀하게 관계를 맺고 있어 두 생물 종의 관계가 서로의 생존에 아주 중요한 공진화 관계도 있다(이를 상리공생이라고 한다). 다른 생물(숙주)에게 엄청난 피해를 주면서 생존을 이어나가는 공진화 관계도 있다(이를 기생이라고 한다). 그리고 어떤 유형인지를 결정하기가 아주 어려운 공진화 관계도 있다.

1809년
영국 슈루즈버리에서 출생

1825년
에든버러의과 대학교에
입학하다

1827년
의학이 자신과 맞지 않는다고
생각하고 신학을 공부하러
케임브리지 대학교 크라이스트
칼리지에 입학하다

1831년
학사 학위를 받은 뒤에
비글호를 타고 항해에 나서다

1835년
갈라파고스 군도에 도착하다

1836년
영국으로 돌아오다

1839년
『비글호 항해기(The Voyage
of the Beagle)』를 출간하고
사촌인 엠마 웨지우드와
결혼하다

1858년
런던 린네 학회 회원들이
학회에서 자연선택에 관한
다윈의 논문을 읽었다.
앨프레드 러셀 월리스도 학회
회원이었다

1859년
『종의 기원(The Origin of
Species)』을 출간하다

1871년
『인간의 유래(The Descent of
Man)』를 발표하다

1882년
웨스트민스터 사원에 묻히다

찰스 다윈

찰스 다윈(Charles Robert Darwin, 1809~1882)은 1809년에 영국 슈루즈버리에서 도자기 사업을 하는 웨지우드 가문의 친척이자 의사인 로버트 다윈의 아들로 태어났다. 사냥과 사격을 좋아하고 외향적이었던 혈기 왕성한 찰스는 자연사를 깊이 연구했던 유명한 철학자 이래즈머스 다윈의 손자였지만, 처음부터 할아버지와는 전혀 달랐다. 슈루즈버리 학교를 졸업한 찰스는 에든버러 대학교에서 의학을 공부하려고 했지만 실패했다. 비위가 약해 해부학 실험을 견딜 수 없었던 찰스는 로버트 그랜트 같은 급진적인 사상가들의 강의를 들으며 시간을 보냈고, 야외로 나가 동물과 식물을 공부했다. 아들에게 실망한 찰스의 아버지는 방종한 아들에게 마지막 기회를 주려고 케임브리지 대학교에서 신학을 공부하게 했다. 그곳에서 찰스는 존 스티븐스 헨슬로 목사를 만났고, 관찰력이 뛰어났던 찰스는 헨슬로 목사에게서 목회에 대한 열정보다는 동식물에 관한 열정이 훨씬 높다는 사실을 알아챘다.

헨슬로 목사야말로 다윈에게 행운을 가져다준 사람이었다. 헨슬로는 이제 곧 5년 동안 전 세계를 돌아볼 비글호의 선장 로버트 피츠로이에게 무보수 동식물학자로 다윈을 데려가라고 추천했다. 비글호는 1831년에 출항했다. 5년 동안 비글호를 타고 전 세계(특히 남아메리카 대륙)를 돌면서 다윈이 수집해온 화석과 여러 표본들은 생물학에 혁명을 일으킬 재료가 되었다. 갈라파고스 군도에서는 인접한 섬에 사는 생물종이 서로 다르다는 사실 덕분에 다윈은 '변이를 수반하는 계통'이라는 개념을 떠올렸고, 생물종은 환경이 다르면 공동 조상에게서 분화해 새로운 종이 된다는 생각을 하게 되었다.

1836년에 영국으로 돌아온 다윈은 『비글호 항해기』를 출간해 베스트셀러 작가가 되었다. 같은 해에 사촌인 엠마와 결혼한 다윈은 대가족을 부양하고 생각을 정립하려고 켄트 주에 있는 다운 하우스로 이사갔다. 아주 느린 속도로 자신이 발견한 사실들을 기록해 가던 다윈은 자신이 '자연선택'이라고 붙인 개념을 앨프레드 러셀 월리스라는 젊은 자연사학자가 동인도 제도에서 거의 발표하기 직전이라는 사실을 알았다. 두 사람은 1858년에 공동으로 자연선택에 관한 개념을 발표했다. 1859년에 다윈은 『종의 기원』을 출간했다. 출간 즉시 베스트셀러가 된 『종의 기원』은 현대인들에게 진화를 이해하는 초석을 마련해주었다. 그 뒤로도 다윈은 『인간의 유래』를 비롯한 많은 책을 발표했고, 1882년에 세상을 떠난 뒤에는 웨스트민스터 사원에 묻혔다.

상리공생

MUTUALISMS

시인인 앨프리드 테니슨 경은 자연은 "이빨과 발톱이 피로 물든" 세상이라고 했다. 유기체는 서로 죽이고 먹고 분해하고 기생하는 관계임을 생각해보면 맞는 말이지만, 생물은 서로 이득이 되는 방향으로 협력하기도 한다. 이런 협력 관계를 상리공생이라고 하는데, 상리공생은 서로 관계를 맺고 살아가는 두 생물의 생존에 반드시 필요하다. 조금 당혹스러운 상리공생 관계도 있다. 사람의 장에는 사람의 몸 밖에서는 생존할 수 없는 박테리아가 몇 종 있는데, 그런 박테리아들이 사람의 건강을 위해서 내고 있는 집세는 최근에 와서야 밝혀지고 있다. 소의 장에는 셀룰로오스를 분해하는 효소를 분비하는 박테리아가 사는데, 이 박테리아가 없으면 소는 식물의 거친 세포벽을 분해할 수 없다. 육상 식물은 대부분 뿌리를 덮은 균근(*mycorrhizae*)이 없다면 생존할 수 없다. 균근은 토양을 샅샅이 뒤져 식물에게 무기질을 공급하고, 식물은 광합성으로 만든 영양분을 균근에게 제공한다. 많은 식물이 특정 곤충에게 수분을 의지하고 그 대가로 풍부한 영양분을 제공하는데, 무화과말벌과 무화과처럼 구조가 독특하게 바뀌어 수분 매개자가 식물을 집으로 삼는 경우도 있다.

관련 주제

박테리아
21쪽

균류
27쪽

공진화
121쪽

3초 인물 소개

린 마굴리스

1938~2011

진핵생물의 세포는 여러 원핵생물이 상리공생한 결과로 만들어졌다는 '공생발생설'을 주장한 미국 생물학자.

30초 저자

헨리 지

3초 분석

상리공생은 서로 협력해 둘 다 이득을 얻는 공생 관계로 생물계에서는 흔히 볼 수 있다.

3분 정리

사람의 몸을 이루고 있는 세포는 20억 년도 전에 원핵생물(박테리아와 고세균)들의 상리공생으로 생겨났다. 세포의 에너지 공장인 미토콘드리아는 알파프로테오박테리아와 유사한 단세포 생물이었고 식물의 세포에서 광합성을 담당하는 엽록체는 한때 시아노박테리아(청록박테리아)였다. 아마도 사람 세포의 핵은 예전에는 고세균이었을 것이다. 현재 사람의 세포는 그 각각이 개별적으로 존재하는 기본 단위이지만 사람의 몸을 떠나 독자적으로 생존할 수 있는 세포는 없다.

무화과와 무화과말벌,
물소와 물소를 따라다니는 황로처럼,
자연에는 서로 협력하면서 살아가는 생물이 아주 많다.

행동

BEHAVIOUR

30초 저자
헨리 지

아무것도 하지 않고 가만히 앉아만 있는 생물은 없다. 생물은 끊임없이 주변을 살피고 주변 자극에 반응한다. 박테리아는 빛에 반응하고, 화학 물질이 있으면 자극이 있는 쪽으로 이동하거나 자극과는 반대 방향으로 움직인다. 식물은 중력과 화학 물질을 감지해 반응하고, 심지어 다른 식물에도 반응한다. 그러나 '행동'이라는 용어는 주로 동물을 묘사할 때 사용한다. 특히 뇌와 신경계가 있는 개미나 벌 같은 곤충, 문어 같은 연체동물, 사람 같은 척추동물의 움직임을 표현할 때 '운동'이라는 표현을 쓴다. 동물들에게 환경은 기회를 잡을 수 있거나 위협이 되는 신호로 가득 차 있는 자극적인 곳이다. 동물들은 대부분 아주 정형적인 방법으로 자극에 반응한다. 특정한 자극에 항상 같은 식으로 반응하는 것이다. 동물의 그 같은 행동은 특별한 환경에 적응한 결과이다. 가젤은 모두 치타를 보면 멀리 달아나야 한다. 치타에게 다가가거나 치타를 무시하거나 뭉그적거렸다가는 치타에게 잡아먹혀 자기 유전자를 다음 세대로 전달하지 못할 것이다. 특정한 상황에서 새로운 행동을 배울 수 있는 동물은 많다. 하지만 자기가 한 행동을 돌이켜보는('자아감(sense of self)'이라는 개념과 관계가 있는 행동을 하는) 동물은 사람, 유인원 몇 종, 돌고래, 코끼리, 까마귀처럼 고작 몇 종에 불과하다.

관련 주제

적응과 종 분화
117쪽
성 선택
119쪽
제인 구달
145쪽

3초 인물 소개

콘라트 로렌츠
1903~1989
새로 태어난 동물은 제일 처음 보는 움직이는 사물에 '각인'된다는 사실을 밝혀 동물 행동학에서 선구적 역할을 한 오스트리아 동물학자.

제인 구달
1934~
탄자니아에서 55년 동안 침팬지를 연구하면서 사람과 가장 가까운 친척 종인 침팬지의 행동을 많이 밝히고 알린 영국 동물학자.

3초 분석
행동은 유기체가 환경에 반응하는 다양한 방식을 가리키는 용어이다.

3분 정리
현대 동물행동학자들은 주로 동물의 '성격(personality)'이 얼마나 다양한지, 무엇 때문에 다양한 특성이 나타나는지를 주로 연구한다. 성격은 '자아감'과는 상관이 없다. 동물은 같은 종이라고 해도 용감하고 외향적인 개체도 있고 소심하고 신중한 개체도 있다. 행동의 '증상(syndrome)'이라는 측면에서 봤을 때 성격은 학습과 경험을 통해 조정할 수 있다. 그러나 유전적 요인 또한 성격 형성에 크게 영향을 미치고 있다고 여겨진다.

***침팬지는 사는 지역마다 행동하는 방식이 다르다.
도구 사용 방법, 털 고르기, 먹이 습성
모두 서식지마다 다르다.***

지구 계통발생학

GLOBAL PHYLOGENY

찰스 다윈의 중요한 저작 『종의 기원』에는 삽화가 딱 한 개 그려져 있다. 계통수 그림인데, 사람의 계통수가 아니라 종의 계통수를 그린 그림이다. 진화계통수가 자라는 과정을 계통발생이라고 한다. 한 종이 두 종으로 갈라진 뒤에 계속해서 진화하면 작은 가지가 굵은 줄기가 되고 두꺼운 나무기둥이 되면서 전 지구를 아우르는 계통발생수를 그릴 수 있는데, 이 계통발생수를 보면 살아 있는 모든 생물은 서로가 서로에게 관계가 있음을 쉽게 알 수 있다. 펭귄부터 사람까지, 박테리아부터 너도밤나무까지, 지구에서 살아가는 모든 생물은 친척이다. 언제 어디서 생명이 탄생했는지는 아무도 모르지만 살아 있는 세포들의 생화학 특성이 비슷하다는 점, 특히 유전 물질인 DNA가 동일하다는 사실은 모든 현생 생물에게는 단 한 종인 공동 조상이 있다는 뜻이다. 현생 박테리아와 아주 가까운 관계에 있는 아주 단순한 원시 세포는 35억 년쯤 전에 처음으로 지구에 나타났다. 현재 생명체는 크게 두 생물 영역으로 나눌 수 있다. 동물, 식물, 균류, 원생생물이 포함된 원핵생물은 고세균 계통수에서 갈라져 나왔다. 1970년부터 계통발생학에 관한 이론이 발전하고 컴퓨터와 실험 기술이 발달하면서 계통발생학은 해부적 유사성이 아니라 분자적 유사성을 근거로 생물 계통을 밝혀가고 있다. 현재 계통발생학자들은 깊은 바다부터 정원 연못에 이르기까지 지구의 모든 환경에서 분자를 수집하고 있다. 새로운 DNA를 발견해 계속해서 성장하고 있는 생명의 나무에 보태려고 노력하고 있다.

관련 주제

생명의 기원–바이러스
17쪽

적응과 종 분화
117쪽

찰스 다윈
123쪽

3초 인물 소개

빌리 헤닝
1913~1976
생물의 진화적 관계를 좀 더 객관적으로 추정할 수 있는 계통분류학(분기학)을 창시한 독일 곤충학자.

에밀 즈커캔들
1922~2013
라이너스 폴링과 함께 분자 정보를 이용해 생물의 진화적 관계를 밝히는 학문인 분자계통학을 창시한 프랑스 생물학자.

고세균의 계통수에는 박테리아를 제외한 모든 생물종 (동물과 식물)의 발달 과정이 담겨 있다.

30초 저자
헨리 지

3초 분석
계통발생수는 진화계통수 가운데 하나이다. 지구 계통발생학은 모든 생명체를 나무처럼 생긴 한 가지 모식도에 담을 방법을 찾고 있다.

3분 정리
1970년대 이전까지만 해도 생명체들이 진화하면서 서로 관계를 맺은 과정을 밝히는(다시 말해서 계통발생학적으로 재구성하는) 연구는 체계가 없었다. 중구난방으로 발표되는 여러 계통수 연구를 객관적으로 평가하기는 쉽지 않았다. 그러나 1970년대에 계통분류학(phylogenetic systematics)이 등장하면서 생물의 계통발생을 좀 더 과학적인 방법으로 밝힐 수 있는 근거가 마련되었다(계통분류학은 분기학[cladistics]이라고도 한다). 거의 비슷한 시기에 유기체의 DNA 염기서열을 분석할 수 있는 능력을 갖추게 되면서 인류는 생물의 계통을 좀 더 분명하게 분류할 수 있는 방대한 진화 정보를 갖게 되었다.

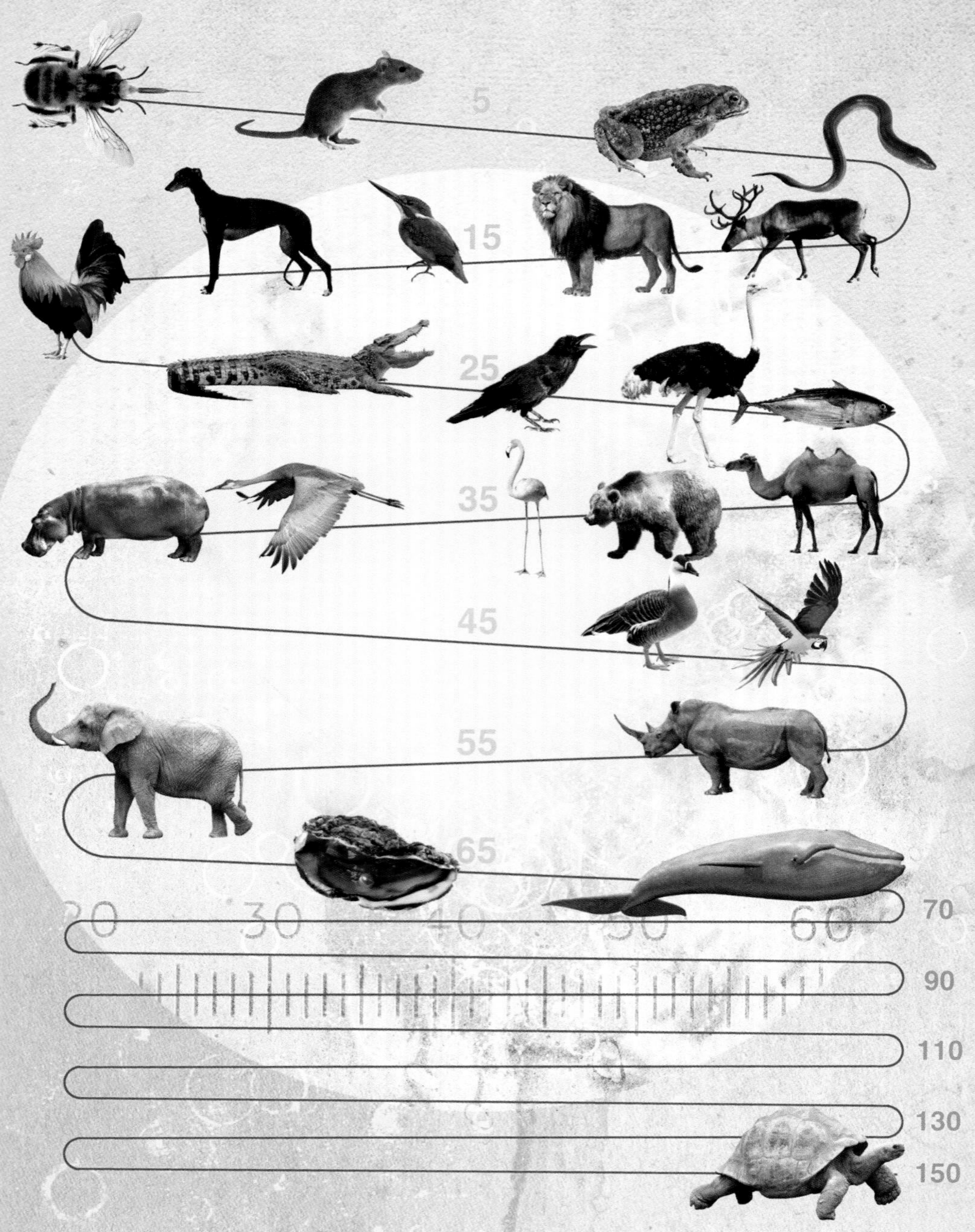
5
15
25
35
45
55
65
70
90
110
130
150

늙어가는 이유–논쟁거리

CONTROVERSY WHY WE AGE

30초 저자
헨리 지

관련 주제
세포와 세포 분열
57쪽
암
87쪽
세포의 노화와 죽음
109쪽

3초 인물 소개
레너드 헤이플릭
1928~
동물 세포가 분열하는 횟수는 정해져 있음을 밝힌 미국 생물학자. 이 횟수를 '헤이플릭 분열한계(Hayflick limit)'라고 한다.

신시아 케니언
1955~
예쁜꼬마선충을 연구해 노화를 연구하는 분자생물학 분야를 개척한 미국 생물학자.

어째서 생물은 늙어야 하고 결국에는 죽어야 하는 것일까? 이제 과학자들이 이 문제를 다루기 시작했지만 합의된 결론에 이르려면 아직 멀었다. 생물이 늙는 이유를 자원이 유한하기 때문이라고 설명하는 과학자도 있다. 한정된 자원을 가지고 한 가지 활동을 한다는 것은 다른 활동을 하지 못하게 된다는 뜻이다. 실제로 생식과 수명은 한정된 자원을 가지고 경쟁한다는 증거도 있다. 이른 나이에 생식을 하고 많은 자손을 낳는 개체는 늦은 나이에 생식을 하고 자손을 덜 낳는 개체보다 노화(늙음의 징후이다)가 빨리 오고 더 어렸을 때 죽는 경향이 있다. 생쥐는 1년 내지 2년 정도 살고 사람이나 코끼리는 수십 년 동안 살 수 있는 이유는 그 때문이다. 젊은 개체에게는 좋게 작용하던 유전자가 나이가 들면 해롭게 작용하기 때문에 노화된다고 주장하는 과학자들도 있다. 물질대사가 일어나는 속도는 노화와 관계가 있어서 '생장 속도가 빠르면 일찍 죽는다'라고 주장하는 과학자도 있다. 생명체 내부에서 일어나는 생화학 반응은 독성이 있는 부산물을 만들어내는데, 이 부산물을 그대로 두면 유전 물질인 DNA가 손상된다. 생물의 노화를 촉진하는 이런 활성산소(reactive oxygen species)는 비타민 C 같은 항산화물질로 제거할 수 있다. 식습관이 수명과 관계가 있다는 관점은 물질대사로 노화를 설명하는 가설과 관계가 있다. 선충 같은 동물은 식습관을 엄격하게 관리하자 수명이 늘었다. 노화를 설명하는 세 가설은 모두 노화의 각기 다른 측면을 설명한다.

3초 분석
죽음은 인류의 역사가 시작됐을 때부터 사람들의 뇌리를 사로잡았다. 4,000년도 전에 등장한 『길가메시 서사시』도 죽음을 이야기하고 있으며 많은 철학과 종교에서 죽음을 다루어왔다.

3분 정리
"생물마다 노화 속도가 다른 이유는 무엇인가"라는 질문도 아주 흥미롭다. 사람과 햄스터가 동시에 태어난다고 해도 사람은 아직 아기였을 때 햄스터는 대부분 죽는다(햄스터의 수명은 2년 정도이다). 고양이와 개는 사람의 성장 기간인 20년 정도도 살지 못하고 죽는다. 하지만 먹는 음식과 물질대사, 생식과 노화의 관계는 단순하지 않다. 예를 들어 몸무게가 비슷한 포유류와 새를 비교하면 새가 포유류보다 오래 사는데, 그 이유가 무엇인지는 아직 밝혀지지 않았다.

영원히 살고 싶은가? 장수에 관한 한 거북을 앞지를 수 있는 동물은 없다.

생태학

생태학
용어해설

게놈학 유기체의 게놈(유전 물질)을 게놈의 진화와 기능, 구조에 초점을 맞춰 연구하는 학문.

고생물학자 화석을 가지고 멸종한 동물을 연구하는 과학자.

근친교배 동물이나 사람에서 유전적으로 아주 가까운 개체끼리 교배하는 것. 소규모 개체군이나 격리된 개체군에서 근친교배를 할 경우 생물 적응도(biological fitness)가 나빠져 고통 받는 근교약세(inbreeding depression)가 나타날 수 있다.

독립영양생물 이산화탄소나 질소 같은 무기물질로 자신에게 필요한 유기 영양 물질을 만드는 유기체. 예를 들어 녹색 식물이 독립영양생물이다. 그와는 반대로 자신에게 필요한 영양분을 식물의 조직이나 동물의 근육 같은 유기 물질로 섭취해야 하는 생물은 종속영양생물이라고 한다.

멸종위기종 가까운 미래에 멸종할 가능성이 있음을 공식적으로 기록한 생물종. 멸종위기종은 국제자연보호연맹(IUCN)의 레드리스트(Red List)에 등재된다. 살아 있는 개체가 한 개체도 없는 종은 멸종했다고 한다.

사막화 지구의 '마른 땅(dryland)' 생태계가 점점 더 건조해지면서 식물과 야생 동물과 물이 계속해서 사라지는 현상. 마른 땅은 물이 아주 적거나 없는 생태계를 뜻한다. 주로 사막을 의미하지만 초원이나 평원, 관목지도 마른 땅이 될 수 있다. 기후 변화, 산림 훼손, 지나친 가축 방목 등이 사막화의 원인이다.

생물량(biomass) 정해진 지역이나 공간에서 서식하는 특정 종류의 생물 양. 에너지라는 측면에서 보았을 때는 살아 있거나 죽은 지 얼마 안 된 유기체를 이용해 연료로 사용할 수 있는 물질을 뜻하는 용어이다.

생물적 동질화(biotic homogenization) 좁은 지역에 서식하던 생물종이 멸종하고 생물종이 서로의 서식지로 옮겨가면서 다양한 지역이 점점 비슷한 종 다양성을 갖게 되는 현상.

생태 지위 생태학에서 한 생물종이 생태계 내부에서 차지하는 위치(지위)와 역할을 규정할 때 사용하는 용어로, 생태 지위는 생태계 내에서 해당 종이 먹이를 얻으려고 경쟁하고 포식자가 되고 사냥감이 되는 등, 다른 모든 종과 상호작용하는 방식을 나타낸다. 한 생태계 내에서는 두 종이 동일한 생태 지위를 가질 수는 없다.

생태계 유기체 군집과 그 유기체들과 관계를 맺고 있는 환경과 여러 유기체 사이에 맺고 있는 관계를 모두 포함하는 용어.

생태복원(rewilding) 자연을 보존하고 자연의 야생성을 복원하려는 환경보호 운동. 야생 서식지에 대형 포식자 동물을 도입하는 것도 생태복원에서 시도하는 주요 전략이다. 생태복원을 주장하는 사람들은 영국이나 북아메리카대륙의 야생 지역에 늑대나 스라소니 같은 대형 포식자를 들여와야 한다고 주장한다.

소결핵 소가 걸리는 결핵(폐나 다른 조직에서 결절을 만드는 박테리아가 일으키는 질병)으로 소결핵균(*Mycobacterium bovis*)이 퍼트린다. 소결핵은 소뿐만이 아니라 오소리, 사슴, 돼지, 사람에게도 퍼질 수 있는 종간 장벽을 뛰어 넘는 질병이다. 미국의 경우 소결핵균을 퍼트리는 주요 원인 동물은 오소리이기 때문에 오소리의 개체 수를 줄여야 한다고 주장하는 전문가도 있지만, 그 실효성에 대해서는 논란의 여지가 있다.

영장류학자 포유류 가운데 원숭이, 유인원, 사람 같은 영장류만을 전문적으로 연구하는 동물학자.

인간이 야기하는 기후 변화 20세기 중후반부터 지금까지 장기간에 걸쳐 전 지구적으로 나타나고 있는 날씨와 기온 변화를 가리키는 용어로, 기후학자들은 석탄, 석유, 천연가스 같은 화석연료를 태울 때 발생하는 이산화탄소의 양이 점점 더 증가하기 때문에 나타나는 현상이라고 한다. 북극 빙하가 녹고 남극과 그린란드 얼음 층이 얇아지고 해수면이 높아지고 강수 패턴이 바뀌는 것은 이런 기후 변화의 결과이다. 북아메리카 대륙에 극단적으로 많은 비가 내리는 횟수가 증가하는 이유도 인간이 야기하는 기후 변화 때문이다.

인구통계학 개체군과 집단 내부에서 발생하는 출생률과 사망률을 연구하는 학문.

자연선택 영국 동식물학자 찰스 다윈이 제시한 진화설의 한 개념으로, 환경에 가장 잘 적응한 개체가 일반적으로 살아남아 많은 자손을 낳게 되는 과정.

종 짝짓기를 했을 때 생식 능력이 있는 자손을 낳을 수 있는 유기체 무리를 가리키는 용어. 생물의 분류계통 목록(영역-계-문-강-목-과-속-종)에서 여덟 번째 분류 기준이다. 종(種) 위의 분류 기준은 속(屬)이다.

종 다양성 한 서식지에서 살아가는 식물과 동물과 미생물의 다양성을 나타내는 용어. 일반적으로 종 다양성이라고 하면 아마존 열대 우림이나 남극처럼 특별한 서식지나 지구에서 서식하는 생물의 다채로움 정도를 의미한다.

생물지리학

BIOGEOGRAPHY

30초 저자
마크 펠로우스

지구 전역에서 서식하는 생물종은 고르게 분포하고 있지는 않지만, 분포 상태에 특정한 패턴이 나타나는데, 이는 생물종의 부재와 출현은 비슷한 과정에 영향을 받는다는 뜻이다. 열대지역에 가까울수록 더욱 다양한 생물종이 살아가는데, 그 이유는 열대지역이 식물이 성장하는 데 적합하고 훨씬 안정적인 기후 상태를 유지하기 때문이다. 고도가 높아질수록 생물종이 적어지는 이유도 그와 비슷하다. 격리된 섬은 크기도 종 다양성에 영향을 미치는데, 작은 섬은 큰 육지에서 멀리 떨어진 섬이 가까운 섬보다 서식하는 생물종이 적다. 이동이 불가능한 상태에서 오랫동안 격리되면 새로운 종이 생겨날 수 있다. 오스트레일리아, 하와이, 마다가스카르 같은 지역이 지구의 종 다양성이라는 측면에서 봤을 때 중요한 이유는 바로 그 때문이다. 이런 패턴들 각각은 설명하기 쉽지만 종 분포에 나타나는 특징 몇 가지는 상당히 이해하기 어렵다. 아프리카에는 타조가 있고 남아메리카 대륙에는 레아가 있고 마다가스카르에는 지금은 멸종한 코끼리새가 있었고 오스트레일리아에는 에뮤가 있다. 이 새들은 모두 비슷하게 생긴 가까운 친척 종이다. 이 새들은 어쩌다가 그렇게 멀리 떨어져서 살게 되었을까? 이 새들이 서로 아주 먼 곳에서 살게 된 이유를 이 새들의 공동 조상이 살았던 곤드와나라 초대륙이 1억 8,000만 년 전인 백악기에 갈라졌기 때문이라고 설명하는 현대 가설도 있다. 갈라진 땅덩어리들이 이동해 현재 자리로 오는 동안 공동 조상의 후손들도 함께 이동했다.

관련 주제
먹이 그물
141쪽
기후 변화 생물학
147쪽
멸종
151쪽

3초 인물 소개

뷔퐁 백작 조르주 루이 레클레르크
1707~1788
기후가 종 분화에 영향을 미친다는 사실을 밝힌 프랑스 자연사학자.

알프레드 로타르 베게너
1880~1930
지도에서 여러 대륙이 직소퍼즐처럼 들어맞는 것을 보고 모든 대륙이 한때는 뭉쳐 있었다는 올바른 추론을 한 독일 지구물리학자.

아주 비슷한 특징을 가지고 있는데도 멀리 떨어진 곳에서 살아가는 많은 동물의 공동 조상들은 한때 모든 대륙이 뭉쳐 있던 초대륙에서 살았다.

3초 분석
지구 전체를 통틀어 생물종이 무작위로 분포하고 한 지역에서 번성하는 경우는 거의 없다. 종의 분포 상태와 개체 수는 기후와 지형에도 영향을 받지만, 궁극적으로 가장 크게 영향을 미치는 요인은 시간이다.

3분 정리
얼마 전까지만 해도 종의 분포는 지질연대에 따라 변화해왔다. 하지만 지금은 고의성이 있건 없건 간에 전에는 서식하지 않았던 종이 새로운 장소에서 출현하고 있다. 플로리다주 에버글레이즈에 나타난 버마 비단뱀, 런던 근교에서 살아가는 아시아 앵무, 오스트레일리아에서 발견한 남아메리카 독두꺼비는 앞으로 몇 세기 안에 지구 생태계가 크게 변하리라는 분명한 증거이다. 그런 변화가 어떤 결과를 불러올지는 이제야 조금씩 알아가기 시작했다.

개체군 생태학

POPULATION ECOLOGY

30초 저자
마크 펠로우스

2050년이 되면 얼마나 많은 사람이 지구에서 살아가게 될까? 인구통계학 덕분에 우리는 상당히 정확하게 2050년에 지구에 존재할 인구 수를 예측할 수 있다(국제연합은 97억 정도 되리라고 예측했다). 사람은 언제 어디서 왜 태어나고 죽는지를 정확하게 기록한다. 하지만 다른 생물종에 관해서는 그런 기록을 남기지 않는다. 오소리가 영국 소결핵 발병률에 영향을 미칠까? 사람은 계속해서 해양 생물을 식량 자원으로 이용할 수 있을까? 야생 호랑이는 20년 안에 멸종할까? 이런 질문에 답하려면 한 종의 개체군 크기 변화를 예측할 수 있는 수학 모형이 있어야 하고, 통계학 모형에 적용할 수 있는 개체통계학 자료도 있어야 한다. 이런 모형들은 환경이나 자원을 둘러싼 경쟁, 포식자와 질병 같은 요인이 개체군에 어떤 영향을 미치고 변화를 불러오는지를 보여준다. 가장 단순한 개체군 성장 모형은 기하급수적으로 성장하는 모형으로, 이 모형에서는 각 개체가 자손을 낳고, 그 자손이 또 다른 자손을 낳아 계속해서 개체군의 크기가 커져 간다. 하지만 개체군은 끝없이 성장할 수 없다. 식량이 한계로 작용한다. 개체군의 크기는 환경수용력(carrying capacity, 환경이 수용할 수 있는 개체의 수—옮긴이)이 결정한다. 개체군의 크기가 환경수용력보다 크면 개체군의 크기는 줄어들고 환경수용력에 미치지 못하면 환경수용력에 이를 때까지 개체군의 크기는 커진다. 포식자나 환경 변화도 개체군의 크기를 바꾸는 변수로 작용해, 개체군의 크기는 주기적으로 커졌다가 작아진다.

관련 주제
상리공생
125쪽
먹이 그물
141쪽

3초 인물 소개

토머스 로버트 맬서스
1766~1834
자원이 인구 규모를 결정한다는 주장을 함으로써 찰스 다윈의 자연선택설에 많은 영향을 미친 영국 성직자.

게오르기 프렌체비치 가우세
1910~1986
동일한 생태 지위를 갖는 두 종은 같은 서식지에 공존할 수 없으며 항상 한 종이 다른 종을 멸종하게 만든다고 주장한 러시아 생태학자.

환경보호 운동가들은 야생에 남은 호랑이가 수천 개체밖에 되지 않는다고 발표했다. 호랑이도 도도와 같은 길을 밟게 될 것인가?

3초 분석
개체군 생태학은 번성하는 생물종과 멸종 위기에 처한 생물종이 생기는 이유를 규명하려는 학문이다.

3분 정리
환경보호 생물학자들에게 희귀 생물종의 최소존속가능개체군(minimum viable population)을 밝히는 연구는 해당 종의 멸종 가능성을 예측할 수 있는 아주 중요한 수단이다. 최소존속가능개체군을 추정할 때는 무작위적인 우연, 환경 재해, 근친 교배처럼 작은 개체군에게 더 큰 영향을 미치는 요인을 고려해야 한다. 앞으로 100년 동안 개체군이 지속될 가능성이 95퍼센트에 달하려면 최소한 개체군의 구성원 수가 4,000개체 정도는 되어야 한다고 알려져 있다. 멸종 위기 종은 이보다 훨씬 적은 개체 군들로 이루어져 있다.

먹이 그물

FOOD WEBS

30초 저자
마크 펠로우스

망망대해에 떠 있는 섬처럼 혼자서만 살아갈 수 있는 생물종은 없다. 생물은 누구나 복잡한 상호작용을 맺는 관계망의 구성원으로 살아가야 한다. 생물종은 서로 이득이 되는 긍정적인 방향으로 관계를 맺는 경우도 있지만 대부분은 자원을 두고 경쟁을 하거나 서로 먹고 먹히는 부정적인 방향으로 관계를 맺는다. 생물 공동체 생태계가 어떤 식으로 구성되어 있는지를 알려면 유기체가 어떤 식으로 상호작용하는지를 한눈에 파악하는 일이 중요한데, 그런 목적을 달성하는 가장 간단한 도구는 먹이 그물을 그려보는 것이다. 먹이 그물은 1923년에 찰스 엘턴이 처음으로 그렸다. 옥스퍼드 대학교 학생이었던 찰스 엘턴은 스피츠베르겐 가까이 있는 베어섬으로 탐사 여행을 갔다. 베어섬에서 엘턴은 식물학자 V. S. 서머헤이스와 함께 툰드라 지역 생물들의 먹이 관계를 연구해 아주 단순한 먹이 사슬에서는 식물에서 초식동물로, 초식동물에서 육식동물로 에너지가 이동하는데, 이 먹이 사슬들이 복잡하게 얽혀 먹이 그물을 만든다는 중요한 사실을 발견했다. 엘렌이 제시한 먹이 그물이라는 개념은 지금까지 계속 발전해오면서 조금씩 개념이 변해왔는데, 가장 근본적인 변화는 비슷한 방법으로 에너지를 획득하는 생물종을 같은 영양 단계(trophic layer)에 배치하게 된 것이다. 자신이 살아가는 데 필요한 에너지를 광합성으로 직접 만드는 식물을 맨 아래 단계에 놓고, 식물을 먹고 살아가는 초식동물은 그 위의 단계에, 그 초식동물과 관계가 있는 육식동물은 그 위 단계에 놓는 식으로 먹이 그물을 작성한다.

3초 분석
세상은 모두가 포식자 아니면 사냥감인 위험한 곳이다. 먹이 사슬에서 가운데를 차지하는 생물종은 포식자이면서 사냥감이다.

3분 정리
엘턴은 수 피라미드(pyramid of numbers)라는 개념을 만들고, '1차 생산자인 식물의 생물량은 1차 소비자인 초식동물의 생물량보다 훨씬 크며, 1차 소비자인 초식동물은 2차 소비자인 육식동물보다 생물량이 훨씬 크고, 2차 소비자인 육식동물은 그보다 더 위에 있는 3차 소비자보다 생물량이 더 크다'와 같은 현대 생태학의 토대를 마련할 중요한 개념을 많이 제시했다. 이는 먹이 사슬에서 위로 올라갈수록 에너지 효율이 낮아짐을 뜻한다. 먹이 사슬의 최상위에 존재하는 포식자 수가 많지 않은 이유는 바로 그 때문이다.

관련 주제
상리공생
125쪽
개체군 생태계
139쪽
생태계 에너지론
143쪽

3초 인물 소개

찰스 서덜랜드 엘턴
1900~1991
생태학을 정량적으로 연구하는 학문으로 바꾼 영국 동물학자.

레이먼드 로렐 린더만
1915~1942
한 영양 단계에서 다음 영양 단계로 에너지가 이동할 때는 아래 단계가 보유한 에너지의 10퍼센트 정도만이 위 단계로 이동한다고 주장한 미국 생태학자.

먹이 피라미드에서 에너지는 아래 단계에서 위 단계로 이동한다. 식물 → 초식동물 → 육식동물.

생태계 에너지론

ECOSYSTEM ENERGETICS

30초 저자

마크 펠로우스

지구 생명체가 살아가는 데 필요한 에너지는 거의 모두 태양에서 온다. 광합성을 이용해 태양 에너지를 유기 물질로 전환해 사용하는 것이다. 자기 스스로 에너지를 만들어 사용하는 독립영양생물이 태양에너지를 생물이 사용할 수 있는 에너지로 전환하는 비율을 지구의 1차총생산량(Gross Primary Productivity)이라고 하며, 에너지를 전환할 때 사용한 에너지를 빼면 유기 물질로 전환할 수 있는 에너지 비율이 나오는데, 이를 1차순생산량(Net Primary Productivity)이라고 한다. 시간이 흐를수록 1차순생산량은 생물량으로 축적되는데, 이 생물량은 광합성을 하지 않는 거의 대부분의 종속영양생물이 활용할 수 있는 에너지를 나타내는 척도이다. 사람은 종속영양생물 생물량의 0.5퍼센트 정도만을 차지하고 있지만 지구 1차순생산량의 23퍼센트 이상을 소비하고 있다고 추정하는 과학자도 있다. 동남아시아와 서부 유럽에서는 사람이 그 지역 1차순생산량의 77퍼센트 이상을 소비한다는 추정 결과도 나와 있다. 사람은 식물의 생물량을 음식으로 연료로 공산품을 만들 재료로 직접 소비한다. 사람은 1차순생산량이 훨씬 효율적인 숲을 제거하고 농경지를 만들며, 식물 대신 초식동물을 소비하고, 육지를 사막이나 도시로 만들고 토양을 오염시키는 등 서식지를 훼손함으로써 1차순생산량의 비율을 낮춘다. 인구가 증가하고 생활수준이 높아지면서 사람을 먹이는 지구의 능력은 사람의 요구를 들어주기가 점점 힘들어지고 있다.

관련 주제

먹이 그물
141쪽

멸종
151쪽

3초 인물 소개

폴 랄프 얼리치

1932~

기하급수적으로 증가하고 있는 최근의 인구 변화가 갖는 잠재적 의미를 일깨워준 미국 생태학자.

제임스 헴필 브라운

1942~

거시생태학을 발전시킨 미국 생태학자. 거시생태학은 종의 존재비(abundance)와 분포도를 대규모로 연구하는 학문이다.

가축을 기를 목초지를 만들려고 숲을 개간하면 땅의 에너지 효율이 낮아진다.

3초 분석

식물은 엄청난 양의 에너지를 생물이 소비할 수 있는 유기 물질로 전환하는데, 그 유기 물질 가운데 상당량을 사람이 소비한다.

3분 정리

지역마다 1차순생산량 분포 상태가 다른데, 습하고 따뜻한 지역이 건조하고 추운 지역보다 1차순생산량 비율이 높다. 이런 1차순생산량 분포는 지역마다 종 다양성이 아주 다르게 나타나는 이유를 설명해준다. 육지에서는 1차순생산량 비율이 높은 곳에서 더 많은 생물종이 서식하는데, 열대우림 지역이 종 다양성이 아주 높은 이유는 그 때문이다. 하지만 대양은 바닷물이 서로 섞이기 때문에 1차순생산량 비율이 낮은 곳이 종 다양성이 더 높다. 그 때문에 대양에서는 생산성이 높아지면 종 다양성은 낮아진다.

1934년
발레리 제인 모리스 구달은 런던에서 모티머 모리스 구달과 밴나 조셉의 딸로 태어나다

1952년
고등학교를 졸업하고 비서로 근무하다

1958년
런던에서 영장류 생물학을 공부하다

1960년
탄자니아(그때는 탕가니카였다) 곰베강 국립공원에서 침팬지를 연구하기 시작하다

1962~1965년
케임브리지 뉴넘 칼리지에서 동물행동학 박사 학위 과정을 밟다

1964년
네덜란드 야생 동물 사진 촬영가 휴고 반 라윅 남작과 결혼하다

1974년
라윅 남작과 이혼하다

1975년
탄자니아 국립공원 소장 데릭 브라이슨과 결혼하다

1977년
제인구달연구소를 설립하다

1980년
브라이슨이 암으로 사망하다

1991년
미국 버지니아 주에서 청소년과 함께 하는 환경 보호 운동인 '뿌리와 새싹(Roots and Shoots)' 운동을 시작하다

1996년
영국동물학회 은메달을 수상하다

2004년
대영제국 데임작위 훈장을 받다

2006년
유네스코 60주년 기념 메달과 프랑스 레지옹 도뇌르 훈장을 받다

제인 구달

고인류학자 루이스 리키와 메리 리키 부부의 후원을 받은 영장류학자 세 사람 가운데 한 명인 제인 구달(Valerie Jane Goodall, 1934~)은 침팬지 연구로 대중에게 널리 알려진 현장 과학자이다(리키 부부의 후원을 받은 나머지 두 사람은 다이앤 포시와 비루테 갈디카스이다).

20대 초반에 구달은 클로 메인지라는 친구의 초대로 케냐에 있는 농장을 방문했는데, 그곳에서 루이스 리키를 만났다. 루이스 리키는 처음에는 구달을 조수로 고용했는데, 곧 구달에게 침팬지를 연구해보라고 권했다. 영장류를 연구하면 유인원과 초기 인류의 공동 조상을 밝히는 데 도움이 되리라고 생각했기 때문이다. 런던에서 잠시 영장류학을 공부한 구달은 곧 탄자니아에 있는 곰베강 국립공원으로 떠나 그곳에서 침팬지를 연구했다. 2년 뒤, 리키는 구달이 학사 학위와 석사 학위가 없어도 케임브리지 대학교에서 동물행동학으로 박사 학위를 받을 수 있도록 주선해 주고 학비를 마련해주었다. 구달은 1965년에 박사 학위 논문 「자유 생활하는 침팬지의 행동(Behaviour of the Free-Ranging Chimpanzee)」을 마무리 지었다.

그때부터 10년 이상 구달은 곰베강에서 사회생활 하는 침팬지의 행동을 관찰했다. 구달이 과학자로서 훈련을 받지 못했다는 점이 침팬지 연구에서 득이 됐는지 실이 됐는지는 의견이 분분하다. 침팬지 무리의 일원이 되어 잠시 동안 함께 살아가는 구달의 연구 방식은 객관성을 떨어뜨리고 침팬지들의 행동을 변화시켰을 가능성도 있다. 비평가들은 침팬지를 의인화하는 제인의 태도를 비난하지만, 열정적이고 헌신적인 구달의 연구 방식 덕분에 틀에 맞춘 다른 관찰자들의 연구 태도로는 알아낼 수 없었을 침팬지들의 개성과 행동을 많이 알아낸 것도 사실이다.

구달의 연구 덕분에 그전까지는 알지 못했던 침팬지의 생활이 많이 알려졌다. 구달은 침팬지들이 저마다 소유하고 있는 개성을 분명하게 알 수 있었을 뿐 아니라 긴 풀자루로 '흰개미'를 잡는 등, 침팬지가 간단한 도구를 사용할 수 있음도 밝혔다. 동물원 침팬지를 관찰한 결과가 상당히 많은 영향을 미친 추론(침팬지는 비교적 유순한 초식동물)이 틀렸음도 밝혔다. 구달은 침팬지가 정기적으로 원숭이를 잡아먹으며 사회 서열을 결정할 때는 상당한 폭력을 휘두른다는 사실도 밝혀냈다.

1986년에 구달은 시카고에서 열린 학회에서 침팬지 서식지가 계속해서 줄어들고 있음을 분명히 밝혔다. 그로부터 얼마 지나지 않아 구달은 환경 보호로 주요 관심사를 바꿔, 조직적으로나 대중적으로 유명한 제인구달연구소를 이용해 침팬지의 생태 환경을 보호하고 돕는 연구를 계획하고 진행해오고 있다. 1995년에는 미네소타 대학교에서 침팬지 연구소를 설립할 수 있었고, 지금도 침팬지를 위한 환경 보호 운동에 쉼 없이 매진하고 있다.

기후 변화 생물학

CLIMATE CHANGE BIOLOGY

지구의 기후는 언제나 다채로웠다. 이산화탄소 농도가 지금보다 10배는 더 높았던 적도 있고 해수면이 지금보다 수 미터는 더 높았던 적도 있고 북극 지방이 열대식물이 자랄 정도로 따뜻했던 적도 있다. 현재 진행되는 기후 변화가 걱정이 되는 이유는 기후가 변하는 속도가 너무나도 빠르고 사람이 야기하는 변화이기 때문이다. 우리는 기온 변화, 이산화탄소 농도 증가, 녹아내리는 빙하, 상승하는 수면, 바다 산성도 감소, 가뭄, 홍수 같은 생태 요소의 변화가 식물과 동물에게 어떤 영향을 미치는지 알아야 한다. 유기체는 환경에 적응을 아주 잘하고 있기 때문에 기후가 바뀌면 활동 범위가 줄어들고 결국에는 멸종하는 생물종도 생기고, 지나치게 확장해 문제를 일으키는 생물종도 생겨날 것이다. 개구리나 도롱뇽 같은 양서류는 환경 변화에 특히 민감하다. 서식지가 감소하고 질병이 창궐하고 기후가 변하면 생물종은 멸종할 수 있다. 북아프리카의 사헬 지대에서 점점 더 증가하고 있는 폭우는 이집트땅메뚜기를 훨씬 난폭한 생물종으로 바꿀 것이다. 기후가 바뀌면서 계절에 따라 일어나야 하는 적절한 생물 반응도 일어나지 않을 수 있다. 예를 들어 꽃 피는 식물과 그 식물의 수분을 담당할 곤충이 같은 시기에 활동하지 못해 결국 꽃이 수분하지 못할 수도 있는 것이다. 지구의 종 다양성을 보존하려면 생물학자들은 생물이 기후 변화에 반응하는 방법을 반드시 알아내야 한다.

30초 저자
닉 배티

3초 분석
인간이 야기하는 기후 변화가 급속도로 진행되면서 환경에 가장 적합한 형태로 살아가는 생물종의 능력에 문제가 생기고 있다. 과연 생물들은 기후 변화 속도에 맞춰 진화할 수 있을까?

3분 정리
"계절이 바뀌고 있소.
머리 허연 서리가
이제 막 꽃을 피운
새빨간 장미 위에 내리고
늙은 겨울의
얇고 차가운 왕관 위로
달콤한 여름눈의
향기 나는 화관이
조롱하듯 얹혔소.
봄, 여름, 임신한 가을,
분노한 겨울이
늘 입던 옷을 바꿔 입는 일이
점점 더 늘어나니
당황한 세상은 어떤 계절이
어떤 계절인지 모르게
되어버렸소."
(윌리엄 셰익스피어
『한여름 밤의 꿈』 2막 1장)

관련 주제
생물지리학
137쪽
생태계 에너지론
143쪽
멸종
151쪽
인류세
153쪽

3초 인물 소개
카밀 파미잔
1961~
기후 변화가 야생 생물에게 미치는 영향을 제대로 평가해야 한다는 사실을 알리는 데 주력한 미국인.

브라이언 호스킨스 경
1945~
기상학을 옹호했고 기후 변화가 사회에 중요하다는 사실을 강조한 영국 수학자.

기후 변화는 지구 전역에서 생물종이 살아가는 환경을 바꾸고 있다.

침입종

INVASIVE SPECIES

침입종이란 새로운 영토로 들어와 그 수가 증가하면서 문제를 일으키는 생물종을 가리키는 용어이다. 해마다 전 세계로 퍼지는 독감 바이러스에서부터 영국 무당벌레를 몰아내고 있는 아시아 무당벌레, 플로리다주 에버글레이즈의 생태계를 교란하고 있는 버마 비단뱀, 그 누구보다도 위험한 대형 생물(사람)까지, 침입종은 아주 다양하다. 생태계에서 발생한 문제를 해결하려고 의도적으로 들여온 도입종이 침입종이 되는 경우가 많다. 원래 동아시아에서 서식하는 칡은 미국 남부에서 증가하는 토양 침식을 막으려고 도입해왔지만, 지금은 아주 골치 아픈 잡초가 되었다. 하지만 일반적으로 생물종의 침입은 전 세계를 이동하는 사람의 활동과 관계가 있다. 원래는 흑해에서 살아가는 얼룩홍합이 북아메리카대륙의 수로와 호수에 흘러 들어온 이유는 선박에 싣는 선박평형수 때문이다. 영국에 물푸레나무 잎마름병이 발병한 이유는 수입해온 물푸레나무 때문일 것이다. 배나 비행기를 타고 태평양에 있는 괌으로 흘러 들어간 호주갈색나무뱀(*Boiga irregularis*)은 괌의 토종 새들을 대량으로 죽이고 있다. 생물종을 다른 곳으로 운반하는 매개체는 사람이다. 일단 운반된 뒤에는 외래종이 침입한 생태계에서 살아남아 퍼져나갈 수 있느냐, 없느냐는 외래종의 특성과 외래종의 침략을 받은 생태계의 특성에 달려 있다.

30초 저자

닉 배티

3초 분석

지구 전역으로 이동하는 사람들이 증가하면서 외래종이 다른 생태계로 들어갈 가능성이 커졌다. 따라서 이런 외래종의 도입이 불러올 결과를 파악하는 일이 아주 중요하다.

3분 정리

외래종이 낯선 생태계에서 성공적으로 정착하는 데 필요한 결정적인 요인은 무엇일까? 생식력과 확산력 같은 특성이 중요하다. 생태계의 종 다양성도 중요한 역할을 하겠지만 낯선 생태계에 있는 자원을 활용할 수 있는 능력도 외래종의 정착 여부를 결정하는 중요한 요인이다. 어떤 이유로 정착에 성공했건 간에 외래종이 정착하면 생태계에는 생물적 동질화가 나타난다(여러 지역이 생물의 종 다양성이라는 관점에서 봤을 때는 비슷하게 바뀐다는 뜻이다). 세계인이 소비하는 상품이 비슷해지는 것처럼 지구 전역에 몇 종 안 되는 거의 비슷한 식물과 동물종만이 서식하게 될 날이 찾아올 수도 있다.

관련 주제

생물지리학
137쪽

개체군 생태학
139쪽

기후 변화 생물학
147쪽

3초 인물 소개

찰스 서덜랜드 엘턴
1900~1991
1958년에 『동물과 식물의 침입 생태학(The Ecology of Invasions by Animals and Plants)』을 발표해 침입 생물학의 체계를 확립한 영국 동물학자이자 생태학자.

마크 윌리엄스
1928~
1996년에 『생물학적 침입(Biological Invasions)』을 발표한 영국 생물학자.

사람은 지구 구석구석 침범하지 않은 곳이 없으며, 여러 생물종을 낯선 생태계로 퍼트려왔다.

멸종

EXTINCTION

지구에 서식하는 전체 생물종의 수를 정확하게 아는 사람은 없지만 가장 믿을 만한 추정치는 대략 900만 종이라는 것이다. 사람이 지구에서 우세 종이 되기 전까지는 '배경 생물종 다양성 비율〔새로운 종이 출현하는 비율(속도)에서 종이 멸종하는 비율(속도)를 뺀 값〕'은 일정하거나 조금 증가하는 정도였다. 하지만 지금은 사람이 출현하기 전보다 생물종의 멸종 속도가 1,000배는 빨라졌다. 해마다 1만 1,000종에서 5만 8,000종정도 되는 동물종이 사라지고 있는데, 지구 역사에서 이렇게 빠른 속도로 생물이 사라지고 있는 경우는 유례가 없다. 지구는 다양한 자연 재해로 다섯 번의 대량 멸종 사건을 겪었다(4억 4,300만 년쯤 전 · 3억 5,900만 년쯤 전 · 2억 5,100만 년쯤 전 · 2억 년쯤 전 · 6,500년쯤 전에 각각 대량 멸종이 있었다). 제일 마지막에 일어난 대량 멸종 사건은 중앙아메리카대륙에 있는 유카탄 반도를 강타한 소행성 때문에 지구 기온이 급격하게 떨어지면서 발생했다. 지구 역사상 여섯 번째로 진행되고 있는 대량 멸종 사태는 사람의 활동 때문에 야기되고 있다. 서식지 감소, 지나친 개발, 침입종, 기후 변화는 모두 폭발적으로 증가하는 인구와 관계가 있다. 21세기가 끝날 무렵이면 현재 남아 있는 동식물의 절반 정도가 사라질 것이다. 동식물이 사라지면 생태계 안정이 깨지고 지금으로서는 전혀 예측할 수 없는 결과가 나타날 것이다. 우리 사람이 자연에 가하고 있는 격렬한 공격을 최근 몇 년보다 훨씬 더 효과적으로 관리할 수 있어야만 자연은 살아남을 수 있다.

관련 주제

기후 변화 생물학
147쪽

침입종
149쪽

인류세
153쪽

3초 인물 소개

에드워드 O. 윌슨
1929~
생물의 종 다양성을 보존해야 한다고 주장한 미국 생물학자.

A. D. 바노스키
1952~
현재 진행되는 대량 멸종 사태를 중점적으로 연구하는 미국 생물학자.

지구의 역사에서 여섯 번째로 벌어지고 있는 대량 멸종 사건은 사람 때문에 일어나고 있다.

30초 저자

닉 배티

3초 분석

멸종은 생물의 진화 과정에서 자연스럽게 나타나는 한 과정이다. 하지만 최근 들어 지구 역사상 유래가 없을 정도로 빠른 속도로 생물종이 멸종하고 있다.

3분 정리

멸종한 동물의 DNA나 정자를 이용해 털복숭이매머드처럼 상징적인 생물을 되살리자고 주장하는 과학자들도 있다. 실현 가능할 수도 있는 제안이지만 사람의 부주의 때문에 현재 엄청난 속도로 많은 현생 종이 사라지고 있음을 생각해보면 자원을 소비하는 방법으로는 조금 터무니없지 않나 하는 생각이 든다.

인류세-논쟁거리

CONTROVERSY THE ANTHROPOCENE

인류세란 지난 200년 동안 사람이 지구에 미치는 영향력이 계속해서 엄청난 속도로 증가하고 있음을 가리키는 용어이다. 200년 동안 인구는 10억에서 70억으로 늘어났다. 화석연료를 발견하고 소비하면서 에너지 사용량은 40배가 증가했고, 온실 가스 배출량은 기하급수적으로 늘었다. 강물은 댐에 막혔고 대양은 산성화되고 있으며 사람의 활동은 지구 역사상 여섯 번째 대량 멸종 사태를 불러올 정도로 엄청난 속도로 생물이 사라지게 만들고 있다. 사람이 자연에 미치는 영향력은 해마다 증가하고 있으며, 그 양상도 엄청날 정도로 빠르게 변하고 있다. 게놈학에서 개발하는 기술들은 생물의 세계에도 커다란 영향을 미치고 있다. 이 같은 모든 상황은 사람의 힘이 화산 폭발이나 소행성 충돌, 지진 같은 자연재해와 맞먹을 정도로 커졌다는 사실을 의미한다. 우리 사람은 그전과는 전혀 다른 힘으로 지구의 운명을 결정짓고 있다. 마지막 빙하기가 끝난 뒤에 시작했던 신생대 4기인 홀로세는 이제 끝이 나고 인류세가 시작되고 있다. 수백만 년이 지난 뒤에 플라스틱으로 대표되는 화학 물질, 대량 멸종 사태, 막대한 숲 소실, 해수면 상승 등을 특징으로 거론하게 될 인류세는 전적으로 사람 때문에 시작됐다. 문화 축적이 사람의 독특한 특성임을 생각해보면 폭발적으로 증가하는 인구, 자동차와 분쟁을 다루는 법을 배울 수 있는가 없는가가 인류의 문화 형태를 결정할지도 모른다.

관련 주제

기후 변화 생물학
147쪽

침입종
149쪽

멸종
151쪽

3초 인물 소개

파울 크뤼첸
1933~
인류세라는 용어를 사용할 것을 옹호한 네덜란드 화학자.

유진 스토머
1934~2012
사람이 지구에 미치는 영향력을 강조하려고 인류세라는 용어를 만들어낸 미국 생물학자.

사람이 많아질수록 지구 행성에 사는 동물과 식물 종은 점점 더 줄어들고 있다……. 결국 사람을 제외한 생물종은 모두 사라지고 말 것인가?

30초 저자

닉 배티

3초 분석

인류세란 사람이 우리 행성의 역사에 압도적으로 영향을 미치는 현 시대를 반영해 새롭게 만들어낸 지질학 용어이다.

3분 정리

인류세라는 개념은 45억 년이라는 지구의 역사에 비하면 눈 깜짝할 새도 안 되는 고작 20만 년 정도 존재했던 현생 인류(호모 사피엔스 사피엔스)를 강조한다는 점에서 논쟁의 여지가 있다. 더구나 인류세의 시작 시기에 관해서도 농업 혁명이 일어났을 때를 그 시작으로 잡아야 하는지, 산업 혁명이나 핵 에너지를 사용하게 되었을 때를 그 시작으로 잡아야 하는지 같은 논란의 여지가 있다.

부록 ◐

참고자료

단행본

Campbell Biology
Jane B. Reece et al
(Benjamin Cummings; 9th edition, 2011)

Biology
Peter H. Raven et al
(McGraw-Hill; 7th edition, 2005)

Life: The Science of Biology
David E. Sadava et al
(W.H. Freeman; 10th Edition, 2012)

Biology of Plants
Peter H. Raven et al
(W.H. Freeman, 2004)

Plant Biology
Alison M. Smith et al
(Garland Science, 2010)

The Diversity of Life
Edward O. Wilson
(Harvard University Press, 1992)

The Selfish Gene
Richard Dawkins
(Oxford University Press, 1978)

Guns, Germs, and Steel: The Fates of Human Societies
Jared M. Diamond
(W.W. Norton & Company, 1999)

Nature's Nether Regions: What the Sex Lives of Bugs, Birds and Beasts Tell Us About Evolution, Biodiversity and Ourselves
Menno Schilthuizen
(Penguin Books, 2015)

The Sixth Extinction: An Unnatural History
Elizabeth Kolbert
(Picador, 2015)

The Variety of Life: A Survey and a Celebration of all the Creatures that Have Ever Lived
Colin Tudge
(Oxford University Press, 2002)

Genetics
Hugh Fletcher et al
(Garland Science; 4th Edition, 2012)

Molecular Biology of the Cell
Bruce Alberts et al
(Garland Science; 6th Edition, 2014)

Developmental Biology
Scott F. Gilbert
(Sinaeur Associates; 9th Edition, 2010)

Biochemistry
Reginald H. Garrett & Charles M. Grisham
(Brooks Cole; 5th Edition, 2014)

Molecular Cell Biology
Harvey Lodish et al
(W.H. Freeman; 7th Edition, 2012)

Microbiology
Simon Baker et al
(Taylor & Francis; 4th Edition, 2011)

웹사이트

http://www.britishecologicalsociety.org/100papers/100InfluentialPapers.html#2
생태학에 가장 큰 영향을 미치는 논문 100편을 실어 생태학계를 전반적으로 살펴볼 수 있는 기회를 제공하는 사이트.

동물 다양성 웹사이트
http://animaldiversity.org/
분류학적 관점을 바탕으로 동물 관련 지식을 소개하는 사이트.

왕립생물학회 홈페이지
http://www.rsb.org.uk
생물학자가 하는 일을 비롯해 생물 관련 전반적인 지식을 제공하는 사이트.

Encyclopedia.com의 생물학 페이지
http://www.encyclopedia.com/topic/biology.aspx
생물학 관련 상세 정보와 자료, 참고 서적 등을 소개하는 사이트.

iBiology
http://www.ibiology.org
일류 생물학자와 교육 정보를 비롯해 생물학을 좀 더 폭넓게 이해할 수 있는 다양한 정보를 제공하는 사이트.

Biology Reference
http://www.biologyreference.com
생명계에 관한 사실들을 제공하는 사이트.

집필진 소개

닉 배티는 레딩 대학교 식물발생학 교수이다. 순수 식물생물학과 응용 식물생물학에 관한 저서를 폭넓게 출간했으며 생물학의 역사에 아주 관심이 많다. 『생물 다양성: 착취하는 자와 착취 받는 자(Biological Diversity: Exploiters and Exploited)』를 여러 사람과 함께 썼으며 웨일스 대학교에서 식물과학으로 학사 학위를, 에든버러 대학교에서 식물발생생물학으로 박사 학위를 받았다.

마크 펠로우스는 레딩 대학교 생태학과 교수이다. 곤충이 천적을 물리치려고 어떤 방식으로 진화해왔는지부터 도시화가 야생 생물의 다양성과 개체 수에 어떤 식으로 영향을 미치는지에 이르기까지 다양한 주제에 관심을 가지고 폭넓게 연구하고 있으며 『곤충 진화 생태학(Insect Evolutionary Ecology)』의 책임 편집을 맡았다. 레딩 대학교에 부임하기 전에 런던임페리얼 칼리지에서 동물학으로 학사 학위와 박사 학위를 받았고, 현재 생물과학대학 학장으로 근무하고 있다.

브라이언 클레그는 케임브리지 대학교에서 자연과학을 공부했는데, 특히 실험물리학을 집중적으로 공부했다. 영국항공(British Airways)에서 하이테크솔루션을 개발하고 창의성을 개발하는 구루 에드워드 드 보노와 함께 일한 뒤에 창의성 컨설턴트 회사를 설립해 BBC부터 메트 오피스에 이르는 다양한 기업을 돕고 있다. 《네이처》, 《타임스》, 《월스트리트 저널》에 글을 기고하고 있으며 『무한에 관한 짧은 역사(A Brief History of Infinity)』와 『타임머신 만드는 법(How to Build a Time Machine)』 등을 썼다.

조너선 기빈스는 레딩 대학교 심혈관물질대사 연구소 소장이며 세포생물학과 교수이다. 상처가 난 부위에서 혈액 응고를 유도하는 혈액 세포의 기능을 전문적으로 연구하고 있다. 혈액 응고는 심장마비와 뇌졸중을 유발할 수도 있는 아주 중요한 생체 반응이다. 심혈관물질대사 연구소는 심장질환을 예방하고 치료할 수 있는 신약 개발에 도움을 줄 수 있는 기초적인 발견을 많이 했다.

헨리 지는 과학 잡지 《네이처》의 수석 편집자이다. 생물과학에 관한 책을 많이 출간했는데, 특히 『우연한 종: 인간 진화에 관한 오해(The Accidental Species: Misunderstanding of Human Evolution)』 같은 진화 관련 주제에 관심이 많다. 리즈 대학교에서 학사 학위를, 케임브리지 피츠윌리엄 칼리지에서 박사 학위를 받았다.

필 다시는 레딩 대학교 세포생물학과 부교수이다. 암에 걸린 개체에게서 볼 수 있는 과도한 세포 이동 같은 연구 주제에 관심이 있다. 레딩 대학교에서 동물학으로 학사 학위를, 버밍험 대학교에서 암 연구로 박사 학위를 받았다.

팀 리처드슨은 간의 물질대사 작용에 영향을 주는 요인을 연구해 레딩 대학교에서 박사 학위를 받았다. 아머샴 인터내셔널 plc에서 생명과학 연구에 필요한 여러 제품을 개발하기 전까지 런던 성 토머스 병원에서 암 연구를 하고 하웰 MRC 연구소에서 혈관 형성에 관해 연구했다. 아머샴에서는 연구개발부서를 책임졌으며, 2004년에는 산업계를 떠나 다시 대학으로 돌아왔다. 현재 레딩 대학교 생물학과에서 근무하고 있다.

티파니 테일러는 레딩 대학교 생물학과 대학원 장학생 조교이다. 진화생물학자로 암의 확산(전이)이라는 측면에서 보는 진화 생태학, 유전암호, 유전자 조절망의 진화 등에 관심이 있다. 어른과 아이들에게 과학을 전하는 일을 좋아하며 아이들을 위해 『작은 변화(Little Changes)』와 『위대한 적응(Great Adaptations)』을 썼다.

필립 J. 화이트는 옥스퍼드 대학교에서 학사 학위를, 맨체스터 대학교에서 박사 학위를 받았다. 300편이 넘는 글을 썼으며 2014년에는 세계적인 연구정보회사 톰슨로이터가 선정하는 전 세계에서 가장 영향력 있는 과학자 가운데 한 명으로 선정되었다. 국제식물영양학위원회 회원이고 사우디왕실 대학교 생물학과 정교수이며 노팅엄 대학교 명예교수이다. 현재 던디에 있는 제임스 허턴 연구소에서 식물의 무기 영양과 지속가능한 작물 생산을 연구하는 과학자팀을 이끌고 있다.

도판자료 제공에 대한 감사의 글

이 책에 실린 그림들의 사용을 친절히 허락해준 아래 개인과 기관들에 감사한다. 우리는 그림 사용을 허락받기 위해 최선을 다했지만, 뜻하지 않게 누락한 경우가 있다면 양해를 구한다.

| Getty Images | Thomas Lohnes: 60.

| James King-Holmes | Copyright © James King-Holmes 1996: 48.

| Shutterstock | A7880S: 30TC; Aaltair: 148CT; Abeselom Zerit: 9, 126TC; Adike: 68C, 138C(BG); Africa Studio: 150C; Agsandrew: 16CL&T; ailin1: 148T; Ailisa: 124C(BG); AkeSak: 86C(BG); Alekleks: 142C(BG); Aleksey Stemmer: 128TR; Alesandro14: 50C; alexassault: 104CT&C(BG); Alexilusmedical: 58T,C&B; Alila Medical Media: 38C, 38R; Alslutsky: 78C&B, 130TL; Anan Kaewkhammul: 30TR, 128CR, 138TC; Andrey_Kuzmin: 38C(BG), 130TR, 130CR; Andris Torms: 110C; antoni halim: 128CL; ANURAK PONGPATIMET: 30TL, 128CL; AridOcean: 136CR, 136C; Aromaan: 138C(BG); art4all: 148C(BG); Astronoman: 38C; Attila Jandi: 144; Balein: 20CR, 20TL, 30CL, 58T, 62CL&CR; Bardocz Peter: 136CR; Benny Marty: 120CL; BOONCHUAY PROMJIAM: 130TC; Chad Zuber: 30CL; Charles Brutlag: 82BR; Christian Musat: 136C; Chromatos: 44BC, 44TC, 102C&B(BG); Chuck Wagner: 118CR; Chungking: 152CL; cla78: 118C&BC; Computer Earth: 128CR, 130CR; CreativeNature R.Zwerver: 118CL; D. Kucharski K. Kucharska: 24TR, 32TR; Dangdumrong: 130TL; Daniel Prudek: 152CR; Danny Xu: 26CR, 30TC; Dariusz Majgier: 136C(BG), 146C(BG); David W. Leindecker: 146CL; decade3d-anatomy online: 42C&B; design36: 46C; Deyan Georgiev: 128CL; Dima Sobko: 120BR; Dirk Ercken: 146TR; DK Arts: 28TC, 82C&T; DnD-Production.com: 30TR; Donjiy: 130TR; DrimaFilm: 108C(BG); Dwight Smith: 128TL; Edward Westmacott: 128TC; Ekkapon: 128TL; Elnur: 32CL&CR; Eric Isselee: 90C, 120BC, 120CR, 126CR, 128CR, 130TC, 130TL, 136CR, 136BR, 148TC; EV040: 50C(BG); extender_01: 96C; Fedorov Oleksiy: 142B; Filip Fuxa: 18T; Fototehnik: 118BC; GarryKillian: 64C(BG); Gen Epic Solutions: 32C, 90C; Glenn Young: 82BC; Grebcha: 20C&CL, 26C(BG); Haru: 110C(BG); Hedrus: 124C; Hein Nouwens: 66BL, 82BL; Holbox: 128CR; Horiyan: 32C; Horoscope: 62B; HUANSHENG XU: 28CL&CR; Iakov Filimonov: 130TR, 130C; Iamnao: 128TR; Ian 2010: 110CR; Ian Grainger: 150C(BG); Ivosar: 30TC; Jakkrit Orrasri: 30TL; Jbmake: 30TR; Jezper: 86TC, 108CR; Joe White: 24C; Johannes Kornelius: 30TL; jreika: 28C; Juan Gaertner: 64T(BG); Jubal Harshaw: 24C&BL, 28C(BG), 30BC, 82TC; Jukurae: 18C&B; jules2000: 42BL&BR; Juliann: 110BG; jumpingsack: 148T; Justin Black: 146BR; Katarina Christenson: 148T; Kateryna Kon: 20CR, 30TC; Keith Publicover: 80C&B; Khoroshunova Olga: 30C; Kichigin: 16CL; Kletr: 130CL; Kositlimsiri: 146C(BG); Kostyantyn Ivanyshen: 104TL&BR; Kuttelvaserova Stuchelova: 84R&L; Le Do: 28TC; Lebendkulturen.de: 7, 24CL, 24TR, 126C(BG);

Leonid Andronov: 96B; LeonP: 126C, 126CL; Lev Kropotov: 28BL; Lightspring: 84C&T, 86C, 104C; Linda Bucklin: 106C; Ljupco Smokovski: 120C; Login: 32TC, 56C(BG); Lukiyanova Natalia / frenta: 56T,C&B; M. Unal Ozmen: 32BL&BR; MAC1: 128CL; Madlen: 100C&T(BG); majeczka: 28TL,TR,&BR; Maks Narodenko: 90C&T, 128CL; Maksym Gorpenyuk: 140C; Marcel Jancovic: 124CR; mariait: 30TR; Markus Gann: 100TC; MARSIL: 148TR; matthi: 152CT; Meister Photos: 136CL; MichaelTaylor: 24TL, 30BC; MichaelTaylor3d: 108CR; microvector: 46C; Mike Truchon: 116TL; Mikhail Kolesnikov: 18C; molekuul.be: 44TL&TC, 44BC&BR, 62C, 96BL&BC, 102C&T(BG); Mopic: 100C, 108C; Morphart Creation: 136CL; motorolka: 140C; Muellek Josef: 130C; Nagel Photography: 80C&T; NattapolStudiO: 118T(BG); Natykach Nataliia: 50C; Nazzu: 142C; Nejron Photo: 30TR, 130CR; NickSorl: 90C(BG); Nixx Photography: 16C, 16CR, 76B&BG; Nowik Sylwia: 50C(BG); O2creationz: 76T,C&B; Ociacia: 32CL&CR; olcha: 130BR; Only Fabrizio: 26C; Onur Gunduz: 20C, 20CL&T, 30CL, 128CL; Oscity: 152C; ostill: 102C; piai: 46C(BG); Pakhnyushchy: 130TC; Pan Xunbin: 24BR, 100C(BG), 128TC; panbazil: 140TC; Pavel L Photo and Video: 152T; PCHT: 118TC, 130TL; petarg: 44C, 96T; PeterVrabel: 120TC; Petr Vaclavek: 102C(BG), 140C; Photo Image: 84C&T(BG); Photobank gallery: 148C; Photoonlife: 128CR, 130TR; Photoraidz: 150C(BG), 152C; Praiwun Thungsarn: 90C(BG); Promotive: 62TR&TC; Protasov AN: 30TC, 80CR; qushe: 68C(BG); RAJ CREATIONZS: 80BC; Ramona Kaulitzki: 66C; rck_953: 148T; Robert L Kothenbeutel: 140TC; Roman Samokhin: 30TR; Rosa Jay: 130TC; S K Chavan: 64C; Sanit Fuangnakhon: 110BC; sciencepics: 24C, 84C; Sebastian Kaulitzki: 42C&B, 64C, 66B, 106CL&CR, 106C&BC, 108CL; shaziafolio: 32CL&CR, 50BL&BR; Slavoljub Pantelic: 110CL; Smit: 30TR; SOMMAI: 84B; stihii:68C; Stock Up: 128TC; stockphoto mania: 26B; Stubblefield Photography: 116CR; subin pumsom: 130CL; Suchatbky: 26CL; sutham: 30TL, 128CL; Svetlana Foote: 30CR, 128CR; Talvi: 130CR; Tania Thomson: 130CL; Tatiana Volgutova: 40TL&TR; Tatuasha: 40T,C&B; tdoes: 30CR, 130TR; The Biochemist Artist: 46C(BG); toeytoey: 126T&B(BG); Vaclav Volrab: 80CL; Val_Iva: 30CL; valdis torms: 32C(BG); Valentina Razumova: 140B; Victeah: 32C; Vikpit: 32C(BG), 46C(BG), 50C(BG); Vitoriano Junior: 136CL, 136C; vitstudio: 70C(BG); Vladimir Sazonov: 146TC&BC; Vladislav Gurfinkel: 136C; Voin_Sveta: 148B(BG); Volodymyr Krasyuk: 26C; Vshivkova: 70TC, 70BC, 108C(BG); vvoe: 104C(BG); waniuszka: 106C&B(BG); watchara: 40C(BG), 42C(BG), 44C(BG), 96C(BG), 140C(BG); xbrchx: 124BR; Yure: 56BG; Yuriy Vlasenko: 110CL; Zern Liew: 30C, 128C.

| Wellcome Library, London | 20BL, 78T&C(BG).

| Wikimedia Commons | Axel Meyer: 42T&C; Cephas: 150CR; Charles H. Smith / U.S. Fish and Wildlife Service: 150BL; James St. John: 150CR; Javier Pedreira: 22; Jim, the Photographer: 150CL; Mateuszica: 128BC; Mike Pennington: 150BR; US Embassy Sweden: 88; Wellcome Images: 38L(BG), 50BG, 66TR&CR, 82T, 138BC.

| 본문 삽화 작업 | 스티브 롤링스

찾아보기

ㅇ

ㅈ

ㅊ

ㅋ

ㅌ

ㅍ

ㅎ

기타

개념 잡는 비주얼
생물학책

1판 1쇄 찍음 2018년 8월 13일
1판 1쇄 펴냄 2018년 8월 20일

지은이 닉 배티, 마크 펠로우스 외 7인
옮긴이 김소정

주간 김현숙 | **편집** 변효현, 김주희
디자인 이현정, 전미혜
영업 백국현, 정강석 | **관리** 김옥연

펴낸곳 궁리출판 | **펴낸이** 이갑수

등록 1999년 3월 29일 제300-2004-162호
주소 10881 경기도 파주시 회동길 325-12
전화 031-955-9818 | **팩스** 031-955-9848
홈페이지 www.kungree.com | **전자우편** kungree@kungree.com
페이스북 /kungreepress | **트위터** @kungreepress

ISBN 978-89-5820-539-5 03470
ISBN 978-89-5820-299-8 03400(세트)

값 13,000원

BIOLOGY